宝贝的早餐

让孩子爱上吃饭的65款创意『萌』早餐

嫣然 著

中国轻工业出版社

图书在版编目（CIP）数据

宝贝的早餐：让孩子爱上吃饭的65款创意“萌”早餐 / 嫣然著.
— 北京：中国轻工业出版社，2019.4
ISBN 978-7-5184-2307-1

Ⅰ. ①宝… Ⅱ. ①嫣… Ⅲ. ①食谱 Ⅳ. ①TS972.12

中国版本图书馆CIP数据核字（2018）第272021号

责任编辑：朱启铭　刘凯磊
策划编辑：朱启铭　　责任终审：张乃柬　　封面设计：奇文云海
版式设计：魏　鹏　GOTIME编辑部　　责任监印：张京华

出版发行：中国轻工业出版社（北京东长安街6号，邮编：100740）
印　　刷：北京博海升彩色印刷有限公司
经　　销：各地新华书店
版　　次：2019年4月第1版第1次印刷
开　　本：720×1000　1/16　印张：11.5
字　　数：150千字
书　　号：ISBN 978-7-5184-2307-1　定价：48.00元
邮购电话：010-65241695
发行电话：010-85119835　传真：85113293
网　　址：http://www.chlip.com.cn
Email：club@chlip.com.cn
如发现图书残缺请直接与我社邮购联系调换
180209S1X101ZBW

CONTENTS
目　录

春

CONTENTS
目　　录

夏

CONTENTS
目　　录

秋

CONTENTS
目　　录

春

早晨的礼物

坐上从西班牙回国的飞机，越过海洋，越过山川，越过岛屿，一重重地飞越，一点点拉近与家的距离。因为工作的需要，我时常出差，每一次隔山跨海的旅途，最辛苦的不是时差或者适应环境，而是对女儿的牵挂。

回到家中，6 小时的时差让我在凌晨早早醒来。看着酣睡的女儿，毫无睡意的我突然想到：平时做的早餐总是重营养轻造型，而对于孩子来说，更希望看到的是充满童趣的世界。这次，趁着女儿还沉睡在香甜的梦境中，我不如准备一份不同以往的早餐吧。

早晨的每一缕空气都带着新鲜的味道，为爱的人准备一顿丰盛的早餐，世间最安稳的幸福大抵如此。小苹果、樱桃、青木瓜、番茄、鲜肉馄饨、土豆泥、蔬菜小馒头、板栗瘦肉粥……女儿平时爱吃的早餐将在这个清晨的厨房出现，以可爱的卡通人物形象唤醒我美梦中的宝贝。憨态可掬的小熊，胖乎乎的龙猫，机灵聪敏的猫咪——我无法掩饰喜悦，在等待女儿醒来与准备早餐的时间里，水果与谷物的清香夹带着记忆里女儿甜甜的笑容，简单而美味的食物变成我向女儿表达感情的话筒。

当女儿伸着懒腰走到餐桌边，看到这份与众不同的早餐时，她雀跃得像在拆惊喜礼物一般，天真而又可爱。

宝贝的笑容是每一位母亲心头的珍宝，我想把这份“礼物”送给成长中的宝贝，每一天都给她带来新的味觉体验和视觉享受，伴随她长大。

还记得在西班牙的时候，女儿打来了电话。面对着眼前涌动的人群，我握紧电话，仿佛隔海呼唤：“宝贝，妈妈很快回来啦，明天早上想吃什么？”

把春天的色彩吃进肚子里

蛋卷便当 + 沙拉

食材

把春天的色彩吃进肚子里
米饭 / 寿司紫菜 / 胡萝卜 /
鸡蛋

沙拉
秋葵 / 红心火龙果 / 黑李子 / 黄瓜 / 胡萝卜 / 樱桃萝卜 / 培根 / 火腿 / 蟹柳

今天对于女儿而言是个特别的日子，学校组织了春游，宝贝兴奋得早早地就起了床。我说，既然睡不着，要不来告诉妈妈今天的早餐想吃什么。

女儿摇了摇头，说今天感觉饱饱的，不想吃早餐。大概是比平日起得早，身体还没完全苏醒，所以女儿还未觉得饥饿，但是春游需要体力，怎么可以不吃早餐呢？要不今天的早餐就做成便当的形式吧，这样一来，宝贝可以带着去学校，在车上饿了的时候就可以吃了。

突然，女儿睁着大眼睛问我，她能不能把家中的猫咪点点也带上一起去春游。平时，点点是女儿在家最好的玩伴，听着女儿这异想天开又天真可爱的设想，我真不忍心拒绝，要不就把点点的笑脸放进早餐里吧。

春光明媚，暖和的阳光洒遍了大地，为人间带来春的气息。在女儿心里，点点就是她的小太阳，为她的生活注入光和热。我把鸡蛋搅匀，兑进些面粉，用平底锅煎成蛋饼，然后再分割成同样大小的长条，卷成蛋卷围绕在饭团周围。用紫菜与胡萝卜剪拼出猫咪的笑脸，这样又营养又漂亮的猫咪太阳花，既暖心又补充热量。

在便当盒的另一边放上佐菜，有女儿爱吃的蟹柳、火腿粒和培根、化身五角星的秋葵。最后放上花开五瓣的胡萝卜片。小盒子里，放上时令的蔬果。这一切，都将会与车窗外斑斓精彩的风景相呼应。

当女儿看到便当盒里的那些小心思时，惊喜得不得了，开心地说，这样她就可以把春天的色彩都吃进肚子里啦。

步　骤

01 取煮好的米饭，用模具压成圆柱形，用寿司紫菜剪出猫咪眼睛和胡须，胡萝卜作鼻子和嘴巴；

02 取出鸡蛋打成蛋液，加入油、盐，加少许水；

03 平底锅烧热，倒入蛋液，铺平锅底，小火煎，当上方蛋液有点黏稠时，就可以开始卷，卷好后，开火微烘至全熟；

04 取出培根、火腿、蟹柳，炒香装盘；

05 取出秋葵，白灼后切块，装盘；

06 洗净红心火龙果、黑李子、黄瓜、胡萝卜、樱桃萝卜，装盘。

橘子花开

砂糖橘果盘 + 小馄饨

食材

橘子花开
砂糖橘 / 青提 / 彩色糖果

鸡汤鲜肉小馄饨
鸡汤：鸡块 / 葱段 / 姜片 / 白糖
鲜肉馄饨：鲜鸡肉 / 葱花 / 油 / 盐

生活在南方，虽然四季并不是那么分明，但我们可以用丰富多变的食材来感知季节的转换。我国的橘子种类相当多，有味道甜似蜜的蜜橘，也有小巧玲珑的砂糖橘。每年的冬季到春季，漫山橙黄一片，就是橘子盛产的季节。

这天早餐，我选择了来自广东四会的砂糖橘，汁水饱满而又香甜的砂糖橘恰能呈现充满春天气息的画面。

砂糖橘因为味道甜如砂糖而得名，这种橘子个头小，吃起来非常甜，

Tips 制作

这款早餐的视觉重点在橘子花，但营养成分主要来自作为“陪衬”的鸡汤鲜肉小馄饨。馄饨可以替换为面条、米饭等，主要根据孩子的口味偏好调整。

没有渣质且口感细腻，适合给爱吃甜食的宝贝当作餐前水果。砂糖橘的果皮特别松软易剥，将橘皮剥掉后，小心地将一瓣一瓣的果肉从一端轻轻分开，注意果肉的另一端要保持粘连，不要剥断。把剥开的果肉放在盘子上，在中心放上一粒女儿爱吃的彩色糖果，恰似娇嫩的花蕊。剥好的砂糖橘就像一朵橘黄色的小花，在盘子上舒展、盛放。这样的小摆盘非常美观而又易于制作，橙黄的色彩鲜艳而富有活力，也能勾起宝贝的食欲。

将橘子的枝叶洗干净，摆作小橘花的枝干，绿油油的叶子衬托着明艳的小橘花，来自大自然的两抹颜色搭配，简单而不失活力。这个季节吃酸甜可口的青提刚刚好，颗粒饱满的青提、汁水丰富的砂糖橘、清新的果香与翠绿的叶子让春天的气息更加贴近宝贝。

春天的早晨还余留着一丝寒意，需要用一碗温热的早点来暖和宝贝的胃。因此，我又准备了一碗热腾腾的鸡汤鲜肉小馄饨。鸡汤是为孩子增补营养的美味选择，用鸡汤作为汤底煮出来的鲜肉小馄饨会比普通的馄饨更加鲜美，宝贝既能吃到皮薄肉嫩的小馄饨，又能喝到浓郁的鸡汤。

女儿一边吃着早餐，一边和我分享着她近来遇到的趣事，或是在学校和同学间的小别扭，开心、苦恼等情绪在女儿的小脸上交替变换着。分享这些成长中看似琐碎的小事情，是我和她之间最不可或缺的交流，也是在她成长中无可替代的陪伴。

步　骤

01 鸡剁块，冷水下锅，开锅盖煮至水开后续煮5分钟。捞出鸡块，用温水冲净；

02 炖锅放入葱段、姜片烧开，水开后放入鸡块，放一小匙白糖，大火烧开后转小火炖；

03 鸡汤炖1~2小时，关火备用；

04 鲜鸡肉剁碎，加葱花、油、盐搅匀，拿馄饨皮包好备用；

05 小锅烧水，水开后下馄饨，煮好捞起馄饨，盛上鸡汤；

06 砂糖橘剥皮、掰开，呈花瓣形状摆盘；

07 以叶子点缀，青提摆盘。

无忧无虑的小猫咪

白吐司摆盘 + 淮山汤

食材

无忧无虑的小猫咪
白吐司 / 青豆 / 鸡翅中 / 鸡蛋 / 寿司紫菜

淮山汤
淮山 / 鸡块 / 料酒 / 姜片 / 葱段

我和女儿都非常爱猫，家中还养了一只名叫“点点”的白色英国短毛猫。点点柔滑的毛发、乖巧的小脑袋、轻柔的叫声，让人不知不觉地心也变得柔软起来。

猫咪是喜欢独处的小动物，它时而慵懒地趴在窗台上享受午后的阳光，时而兴致勃勃地和小毛线球玩上一整个早上。拥有一只猫咪最幸福的时刻莫过于将它拥入怀中，感受怀中小生命轻轻跳动的心和暖乎乎的体温，什

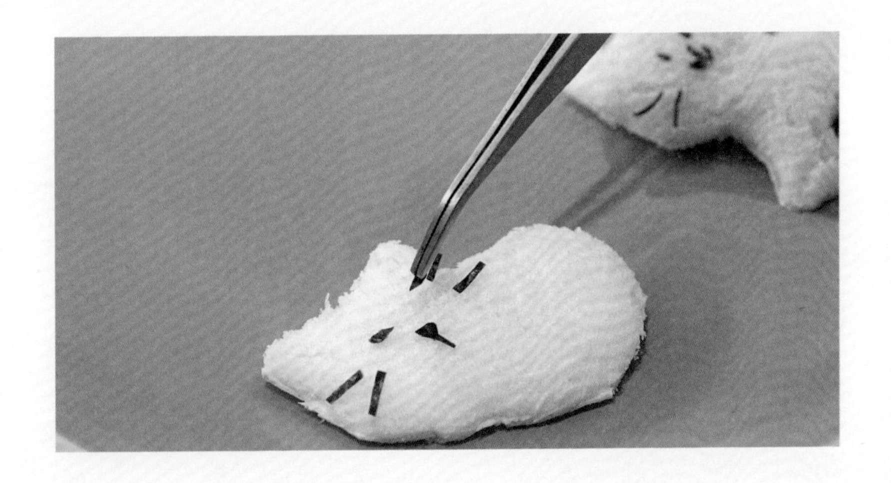

步　骤

01 洗净鸡块，冷水锅里放两片姜，一点料酒，放入鸡块，煮开后取出清洗；

02 炖锅放入冷水，放入姜片和葱段，把鸡块放入；大火烧开，转小火炖；

03 炖至鸡块熟后，把淮山去皮切段，放入炖锅煮半个小时，至淮山段绵软即可；

04 洗净鸡翅中，煎熟；

05 取一个鸡蛋，煎熟；

06 取两片白吐司，用小猫模具印出小猫形状，用寿司紫菜剪出小猫咪鼻子、眼睛和胡须；

07 煮熟青豆，摆盘。

么烦恼都能在这一瞬间消失殆尽。女儿说："看着它每天无忧无虑地玩耍，真想知道它小小的脑袋里面都在想些什么呢！"

我希望女儿也能像小猫咪一样无忧无虑地成长，享受童年生活的乐趣，于是我在宝贝的早餐中悄悄加入了这两位可爱的"治愈者"。

白色吐司香软可口，用来做小猫咪软乎乎的身躯最为合适。用寿司紫菜分别剪出两只小猫咪的胡须、眼睛和嘴巴，一只慵懒，一只俏皮。在小猫咪们的脚下铺上粒粒青豆，踩着青豆玩耍的小猫咪们就像平时踏青时活蹦乱跳的女儿，又顽皮又可爱。配上煎得外酥里嫩的鸡翅中和咸香的鸡蛋，为宝贝提供更加丰富的营养补充。

Tips 制作

青豆是作为点缀，让画面色彩更丰满而使用的。用即食的青豆，或者将新鲜的青豆用清水烫熟之后使用都可以。

这一盘早餐还需要膳食纤维的搭配，所以我选择用春季食用最佳的淮山做一碗清爽的淮山汤。《本草纲目》中记载，淮山有补中益气、强筋健脾的滋补功效，是煲汤的上乘之选。文火炖煮使淮山变得软绵细腻，入口柔滑。新鲜肉片和淮山的简单搭配，刚好中和了油煎鸡翅和鸡蛋带来的少许油腻感，在调节鲜味的同时，也能增加蛋白质、脂肪，以及钙、铁、磷等人体所需的微量元素，让宝贝吃得更加营养均衡。

松树下的龙猫

土豆泥摆盘+牛腩面

食材

松树下的龙猫

土豆泥／奶酪片／黑椒粉／盐／黄油／寿司紫菜／猕猴桃／坚果

牛腩面

面条／牛腩／葱／花生油／姜片／桂皮／八角／盐／糖／蚝油／料酒／头抽[1]／葱花

女儿喜欢猫，也喜欢胖嘟嘟、憨傻可爱的龙猫。我和她时常一起听宫崎骏的《龙猫》原声带。

一天早晨，我忽然冒出个想法：在早餐里加入一只胖嘟嘟、独属于女儿的龙猫吧。于是，龙猫成了宝贝早餐的主角之一。

女儿从小就爱香软的土豆泥。从食材营养来说，土豆除了含有大量的淀粉，还含有蛋白质，以及多种维生素和无机盐，既可作为营养蔬菜，也可以作为主食。

将新鲜土豆去皮，煮熟后压制成泥状。取一口小锅，在热锅中加入适

注：①头抽，指黄豆经发酵后，第一次提炼出来的豉油，味道香醇浓郁。

量黄油，倒入准备好的土豆泥，撒上黑椒粉、盐进行调味，用木勺子搅拌均匀，至呈黏稠的泥状。

取寿司紫菜，剪成长方形，放置在手心上，像包饺子一样用寿司紫菜将土豆泥包裹成半椭圆状，龙猫胖嘟嘟的躯体就完成了。再用剩余的寿司紫菜剪出“耳朵”“四肢”“胡须”的形状，用奶酪片剪出圆肚皮及龙猫的眼睛，贴在龙猫身上，一只可爱的龙猫就做好了。

陪伴龙猫的是一棵四季常青的“松树”。翠绿的猕猴桃富含多种维生素，切成半圆形作为树叶，显得格外小巧可爱。树干部分同样用寿司紫菜剪出，与一旁的龙猫在色彩上相呼应。猕猴桃口感酸甜，质地柔软；土豆泥香甜软糯，搭配酥脆的寿司紫菜，宝贝能吃得非常香甜。每一天的早餐里，除了口味上的调和，我还会充分考虑营养的均衡性，膳食纤维、维生素和脂肪等比例协调。在生机勃勃的春天里，用果蔬的能量迎接新的一天，顺应季节而又有营养。

女儿来到餐桌前，发现这只躺在盘子上、静静等待着她的龙猫，开心与激动顿时溢满了她的小脸。她手里的勺子轻轻地贴近龙猫的身躯，却又马上收回，生怕会碰坏了这只可爱的小龙猫。

孩子的想象力总是比大人更加丰富，因为他们总能用最单纯的眼睛观察生活。在女儿的眼里，小龙猫孤孤单单地生活在山上，陪伴它的只有这棵安静的松树。松树叶错落有致地为小龙猫撑起一片树荫，不管是晴天还

步　骤

01 土豆洗净，上蒸锅蒸至熟透，用手轻轻剥去外皮；

02 用压泥器将土豆压成泥状（也可用勺子将其捣成泥状）；加入盐、黑椒粉、黄油搅匀；

03 用寿司紫菜包住土豆泥，翻转作龙猫躯体，将奶酪片剪成椭圆肚子和小眼睛，用寿司紫菜剪出胡须；

04 洗净蔬果，猕猴桃切片，摆成树叶造型；

05 用寿司紫菜剪出树干造型，取一颗坚果，摆盘；

06 牛腩切块，焯水，之后用开水把牛腩块冲干净；

07 高压锅加一茶匙花生油，下大量姜片和适量的桂皮、八角，爆香后下沥干水的牛腩块；

08 放入一茶匙的盐、一汤匙糖、一茶匙蚝油、一茶匙料酒、一茶匙头抽；

09 高压锅大火上气后转小火炖 30 分钟，开锅后适当加盐和糖调味；

10 烧开水下干面条，煮熟捞出，浇上牛腩块及高汤，撒上葱花即可。

是雨天，它都静静陪伴，为小龙猫遮风挡雨。小龙猫在松树的呵护下一天天茁壮成长。有一天，小龙猫睁开午睡后惺忪的眼睛，突然想看看外面的世界。于是它从草地上站了起来，兴奋地迈开脚步，告别了松树，向着未知的世界前进……

在这个寻常的早晨，我和女儿议论着龙猫会遇见什么样的趣事，交到什么样的朋友。我被女儿源源不断的想象力所感染着，看着女儿红扑扑的脸蛋，我觉得这天清晨的时间过得格外快。原来，时间的脚步总是在快乐的时候转瞬而逝。

Tips 制作

土豆泥中倒入加热后的黄油搅拌均匀，可使土豆泥口感更加顺滑，而且不会因干涩难以成形。

江南春色诗意浓

牛油果摆盘 + 可颂

食材

江南春色诗意浓
白吐司 / 牛油果 / 寿司紫菜 / 豆苗

其他
可颂 / 猕猴桃 / 牛奶

春季，最是一年景色动人、生机勃发之时。

"日出江花红胜火，春来江水绿如蓝"，趁着好节气外出踏青，感受酥润的小雨轻抚脸庞，轻吸细密的绿草独有的香气，才不辜负这一番景色。今年，我带着女儿来到诗情画意的江南游玩。灵秀的江南，与位于亚热带的广东大为不同。潮湿闷热的广东总是喧闹着，勃发着春的朝气；而静谧的江南园林却用满园的春色向我们展示出另一种秀气的春景。女儿感慨地

步　骤

01 将白吐司用刀切出江南春色的造型，将寿司紫菜剪出树干、屋顶和门窗；
02 牛油果切开，切片造型，一部分牛油果碾碎，以勺子作画；
03 煮熟豆苗，用作造型装饰；
04 洗净猕猴桃，切片，装盘；
05 取出可颂，装盘；
06 取出牛奶，装杯。

说：“江南的园林不大，但每一个角落都是春意盎然的。”

久久沉醉于温柔美丽的江南景色，我和女儿约定，一起做一顿有着江南春意的早餐。回到家后，正在学画的女儿找出吴冠中先生绘制的江南景色画作，我们便以此为参照，一同着手准备早餐。

我教女儿将白吐司裁成长短不一的房子形状，铺在盘子上，做成一间又一间高低错落的小白房，看起来甚是可爱。再用寿司紫菜剪出屋顶与小窗，铺在吐司底下。女儿一边做一边说，这和她平时堆叠乐高积木一样，非常有趣。

Tips 制作

牛油果的外皮越接近深褐色，便意味着牛油果越成熟。需要注意，如表皮已变成黑褐色，牛油果可能过度成熟，不宜食用。

春天的绿是青葱幼嫩、深浅不一的绿，小草是青，树叶是鲜绿，柳条则是橄榄绿。牛油果的果肉恰好囊括了这美妙而渐次变化的绿色，同时，牛油果含有不饱和脂肪酸，并且比其他水果含有更多的蛋白质、叶酸、B族维生素，糖的含量却很低，健康又美味。将牛油果从中间划上一刀，掰成两半，用勺子挖出果肉。再把果肉压成泥状，沿着小白房的底部，轻轻铺出一道蜿蜒的绿带，便是一片绿意盈盈的小草地了。

将新鲜豆苗用热水焯熟后点缀在盘子的一侧，盘中的绿色更富层次感了。用筷子夹起嫩绿的豆苗放在寿司紫菜裁成的树干上，软嫩的豆苗便如同岸边温柔的柳条，轻盈地朝着我和女儿挥手。

倒上一杯温热的牛奶，添上两个松软的可颂，切好清甜的猕猴桃，我和女儿在自制的春景图前开始了诗意融融的一顿早餐。

龙猫踏青去

小球藻面摆盘＋牛奶

食材

龙猫踏青去

土豆泥／寿司紫菜／奶酪／盐／黑椒粉／黄油／小球藻面／胡萝卜

其他

鸡蛋／盐／番茄／牛奶／坚果

没有哪个季节的色彩能如春天这般丰富了：红的花，绿的草，蓝的天。春天用她最广阔而包容的姿态照顾着小花小草，呵护着远方来的鸟儿。女儿爱画画，所以对色彩也十分敏感。在女儿的画作上，总会出现许多充满童趣又大胆的色彩搭配。我想，孩子们就像春天一般富有活力和朝气，热爱每一种色彩，接纳更多种不同。让春天的色彩走进宝贝的早餐，我将女儿的餐盘变成了小小的调色板，不知道我用蔬果食材搭配出来的颜色，能不能得到“小画家”的认可呢？

Tips 制作

1 分批将面条放置到盘子上，同时用筷子调整面条，可让面条呈现向上生长、如同草地般的形状。

2 如果没有模具，也可用吸管等日常物件代替，用吸管的底部压制奶酪片，即可制成龙猫眼睛。

一只小巧可爱的龙猫，自由地徜徉在春的气息中。龙猫作为宝贝早餐的小主角，已经出场许多次了，但是女儿每一次看见龙猫都一如既往地发出欢呼，哪个孩子会抗拒可口的土豆泥和憨厚的龙猫呢?

用清水煮一点能给女儿带来饱腹感的面条，将煮熟的面条铺在龙猫的脚下，显得随意而有趣。

鸡蛋是简单易得而又拥有多种可能性的食材，它所含的氨基酸比例很适合人体生理所需，容易被人体吸收。在不同季节它都能做出不一样的美味，春天是清爽的拌鸡蛋丝，冬天是热乎乎的水蒸蛋。这次我用鸡蛋给宝贝做一点香甜的拌鸡蛋丝，色彩明亮柔和，将宝贝的胃口彻底唤醒。

将西红柿和胡萝卜切好，红润的西红柿与橙色的胡萝卜，不仅口味上层次更多，色彩上也更加丰富，让宝贝从品尝带有春天气息的食物开始，感知时令的独特。

为了配合早餐的风格与色彩，我在餐具上做了小小的改变，从桌布、盘子到餐巾都散发着自然气息。女儿惊呼："妈咪，这好像在野餐啊！"能让女儿迎着温柔的晨光，吃着恰似窗外景色一般多彩的早餐，一同分享着和春天、大自然有关的事情，是最令我满足的事。

早开的花骨朵，从远处来做客的燕子……每一件小事对女儿来说都是那么新鲜、有趣。在女儿“叽叽喳喳”的话语声中，我将工作上的烦琐、烦心抛诸脑后，只想和女儿走进幽深的树林，去探访大自然，全身心地沐浴在一片春光之中。

或许，是时候和女儿来一次踏青了。

步　骤

01 依前述方法做出龙猫造型（P023 -P026）；
02 烧开水放入小球藻面，煮熟后捞起，加入少许盐拌匀；
03 取两个鸡蛋，一个煎成溏心蛋；一个煎成蛋饼，切丝备用；
04 洗净番茄、胡萝卜，切好造型，摆盘；
05 取白吐司，用模具压出爱心形状；
06 取出牛奶，装杯，放入少许坚果。

草丛中的小兔子

煎蛋摆盘 + 胡萝卜汁

食材

草丛中的小兔子
鸡蛋 / 生菜 / 花生油 / 盐 / 迷迭香 / 小糖果

其他
蛋糕 / 胡萝卜汁

其实，一顿美妙的早餐并非只能用华丽的摆盘或耗费大量时间精力才能完成。即便是一个简单的煎蛋，融入制作者的巧思，利用简单的工具，变换成孩子喜欢的小花、云朵，或是一只跳跃的小兔子，或是一只好奇的

小狗，再加上果蔬的配比，都能让孩子吃得开心又健康。

在西班牙巴塞罗那出差时，我在百货公司里发现了一个造型可爱、相当实用的硅胶模具，符合欧盟食品级的模具标准，可以放心地直接放入平底锅内高温加热。于是，宝贝的早餐又多了一个可爱的小玩伴。

平时煎的鸡蛋总是单调的圆形，这次有了小兔子模型的帮助，终于可以创新一番了。在碗里打入一个鸡蛋，快速搅拌均匀，蛋液中加入一点花生油搅拌均匀，是我煎蛋的小妙招，这样煎出来的蛋会又嫩又滑。小火热锅，倒入适量花生油，撒上盐，至稍微化开。提前将模具内圈涂上花生油，端放在平底锅中央，徐徐倒入蛋液。蛋液在小火的煎烤中逐渐凝固，散发出丝丝油香。等到蛋液大概成型之后，可以轻轻翻面，煎熟之后就变成了一只奶黄色的小兔子。与此同时，将一个鸡蛋煮熟，对半切开，取一半放在盘中当太阳。

我在满是花朵图案的盘子上用新鲜的生菜铺成一棵树，又添了两支迷

Tips 制作

小兔子是使用特制模具制成的，也可以发挥想象和创意，在制作曲奇的模具中填入土豆泥，压制出不同形状的动物。

迭香作为点缀，小兔子“蹦蹦跳跳”地在花丛中快乐地自由活动，明媚活力的画面顿时出现在女儿的餐盘上。清甜可口的生菜搭配煎蛋，既有味道较重的鸡蛋香味，又有清淡的蔬菜香味。

宝贝起床了，来到餐桌旁，好奇地问道：“小兔子的身边为什么还有草呢？”我笑着和宝贝解释说：“这是香喷喷的迷迭香，小兔子将香喷喷的香料吃下肚子，说不定也能浑身散发香气呢。”

宝贝嘟了嘟嘴，悄悄地捏了几枝迷迭香，藏到口袋里。她说：“我也和小兔子有一样的香味了。”

步　骤

01 取两个鸡蛋，一个做水煮蛋，熟透后对半切开；取小兔子模具，把另一个鸡蛋打成蛋液，倒入模具煎熟，取小糖果作小兔子眼睛；

02 洗净生菜、迷迭香，摆盘；

03 取出蛋糕，装盘；

04 榨胡萝卜汁：把胡萝卜削皮，切小块，放入榨汁机，加水榨好，滤渣装杯。

旅行归来的龙猫

牛排摆盘 + 栗子鸡汤

女儿喜爱的龙猫告别了一直陪伴着它的松树，踏上了未知的旅途。在充满趣味的旅行结束之后，龙猫终于回到了自己温馨的小屋。春风拂面，柳枝摇摆，龙猫举着小伞，疲惫而满足地回家了。

我用香煎牛排做成龙猫的小屋，红褐色牛排表面特有的纹理就像是木制小屋的外墙一般。将牛排切割出一个五边形，添上一扇面包片小门，就是龙猫的屋子了。肉汁饱满、有嚼劲的牛排散发出浓郁的香味，唤醒女儿的胃口。

龙猫拍了拍它雪白圆滚、用半颗水煮蛋做成的圆肚皮，哼着小曲，踩在绵软的小球藻面草地上，心情十分愉快。外面的世界固然精彩，可温暖的小屋终究才是惬意的港湾。

每一次外出前，女儿就和这只胖乎乎的龙猫一样，满怀着期待与好奇，迎接不同的旅程，遇见不一样的风景。而每一次旅行结束，女儿总会拖着疲惫但急切的脚步奔向她的小床，睡得又香又沉，久久不肯醒来。她说，她在与她的小床联络感情。

食材

旅行归来的龙猫
吐司 / 鸡蛋 / 寿司紫菜 / 小球藻面 / 胡萝卜 / 面包片 / 牛排 / 芝麻油 / 盐 / 胡椒粉 / 花生油

栗子鸡汤
栗子 / 鸡肉 / 姜片 / 葱段 / 料酒

果盘
桑葚 / 砂糖橘 / 金橘 / 青提

步 骤

01 取吐司和寿司紫菜剪出龙猫身体造型，半个水煮蛋做肚子；

02 烧开水放入小球藻面，煮熟后捞起，装盘造型；

03 取出牛排，用纸巾擦干牛排表面，在表面遍抹一层芝麻油，盖好放入冰箱；

04 再次取出牛排，放置 10 分钟，用纸巾擦干表面的芝麻油，撒盐和胡椒粉，腌 20 分钟，用纸巾轻轻吸去表面的水分；

05 开大火，平底煎锅热油，把牛排放入，煎 2 分钟后，翻面再煎 2 分钟，转中火，平均每 2 分钟翻面一次，煎至自己合适食用的火候即可；

06 烧一小锅开水，关火，放入栗子，浸泡 5 分钟后，捞出栗子趁热剥好；

07 鸡肉冷水下锅，大火煮开，捞出鸡肉，清洗干净；

08 把鸡肉放进炖锅，放入姜、葱、料酒，倒入开水；

09 大火煮开，放入板栗，盖上锅盖，小火炖一小时即可，食用前放入一小勺盐；

10 洗净桑葚、砂糖橘、金橘、青提，装盘。

一只有飞翔梦想的小猫咪

吐司摆盘 + 杂粮粥

食材

一只有飞翔梦想的小猫咪
吐司 / 小番茄 / 黄瓜

杂粮粥
赤小豆 / 糙米 / 紫米 / 大米 / 薏仁 / 黑豆

南方的春天不止有姹紫嫣红的景色，还有向来伴随的雨水，滴滴答答，湿润着每一寸土地，泥土中散发出被雨水滋润后小苗生长的气息。湿润的空气随着我们的一呼一吸进入身体里，而湿气重容易引发健康问题。因此，在气候湿润的时候，我会更加注意在饮食上调理女儿的身体。在注重养生的广东，我们常常通过食材的配比、烹制来调理身体，比如煲汤或者煮粥时，温润的食物总是能带给人温暖安心的滋养。

年后的几天，又开始下起了绵绵细雨。为了祛除体内的湿气，我想做杂粮粥：取来赤小豆、糙米、紫米、大米、薏仁、黑豆各少许，用清水洗干净后沥去水分，再倒入适量凉水浸泡 30 分钟。浸泡好后，用大火煮开，然后转中小火慢慢熬煮，直至杂粮煮熟、煮软，汤汁黏稠。还可以加入适量冰糖调味，孩子们都爱吃甜甜的食物。

喜欢南方四季如春的天气，却也时常被绵长的细雨困扰。我们需要认真感知大自然的每一点变化，顺应它，才能懂得如何调节身体的内在平衡，孩子的成长也是如此。

步骤

01 取出吐司，剪出小猫咪形状；

02 洗净小番茄和黄瓜，切成薄片，分别剪出花朵形状和小猫咪的眼、嘴、腰带等装饰，造型摆盘；

03 赤小豆、糙米、紫米、大米、薏仁、黑豆各少许，混一起洗两遍，放进电饭煲里，加水煮好，保温放置 20 分钟。

Tips 制作

浸泡杂粮时，需要加入凉水，水量以刚好没过杂粮为准。

繁花似锦的春天

紫薯泥摆盘 + 水果麦片饮

食材

繁花似锦的春天
豆角 / 胡萝卜 / 紫薯 / 面粉 / 酵母 / 玉米粒 / 蓝莓 / 雪梨 / 石榴籽

水果麦片饮
水果 / 麦片

如果四季是四位画师的话，冬天是爱用冷色调的画师，秋天是多愁善感的画师，夏天是活泼可爱的画师，那么春天一定就是对色彩最为敏感的画师。在春天，万物萌发，绿草、鲜花盈盈满目，姹紫嫣红的花朵，葱绿清新的小草……此时我们才恍然明白，大自然给予我们的色彩是如此丰富而鲜艳：翠绿的豆角，橙红的胡萝卜，紫色的紫薯……对于正在学习画画的女儿来说，大自然的色彩就是她学习的最好参考。

步 骤

01 取一根长豆角，煮熟后围着盘子边缘摆成圆形；

02 将紫薯压成泥，加入面粉和酵母，揉捏成面团，切成小块，擀成圆形。取3块错开叠成圆卷形状，中间横切一刀，成为两个玫瑰花馒头，蒸熟后装盘；

03 胡萝卜、雪梨、玉米粒、石榴籽、紫薯、蓝莓洗净备用，摆盘造型；

04 取出麦片，冲开，加入水果，装盘。

将煮熟的紫薯切小块后，用压泥器压成紫薯泥，与面粉、水和成面团。在温暖的环境中，让面团慢慢醒发，发酵膨胀至约两倍的体积。紫薯面团揉成长条状，切成等份的小面团，继续醒发一会儿。

用擀面杖将小面团擀成圆形的面饼，对半切开后，将几张半圆形的紫薯面饼卷起，呈花苞状，小心拨开花苞边缘，让花朵慢慢舒展、开放。

蒸熟后的紫薯玫瑰花馒头柔软，带着温热的水蒸气，盛开在如湖水般清澈透亮的湖蓝色盘子上。

在色彩界中，紫色是中性色调，绿色属于冷色调，再点缀上胡萝卜热烈的橙红色，才恰好平衡了画面。

女儿在紫薯玫瑰花出炉时已经悄悄醒来，她盯着那朵算不上精致的玫瑰花，认真而肯定地说："妈妈做的玫瑰花是我见过的最漂亮的。"

小兔子想吃菠菜卷

菠菜饼摆盘 + 胡萝卜汁

食材

小兔子想吃菠菜卷
菠菜饼 / 牛肉丝 / 胡萝卜 / 黄瓜 / 胡萝卜状馒头 / 全麦吐司

果盘
草莓 / 猕猴桃

其他
胡萝卜汁

菠菜素有“营养模范生”之称，绿油油的菠菜富含胡萝卜素、维生素 C，以及钙、铁等丰富的矿物质，向来被认为是营养好帮手。可是，女儿却并不爱吃菠菜，每次吃饭的时候，她的筷子总会悄悄地越过面前的菠菜，去寻找她偏爱的菜。我和女儿说："你不是爱看大力水手吗，波比就是吃了菠菜才有力气的呀！"女儿噘着小嘴，不甚乐意地尝了几口菠菜。

于是，我查了菜谱，决定将菠菜做成菠菜卷，酥脆的卷皮包裹各式风味蔬菜、肉丝，味道会更丰富，一定能让女儿吃得开心。

将菠菜焯熟之后揉入面团中，制成葱绿的菠菜饼皮。胡萝卜去皮，与生菜一起切成细丝。牛肉丝用花生油炒熟炒香。把饼皮放在平底锅中煎至香软，卷入准备好的馅料，再切成一口可以吞下的大小，一个个香喷喷的菠菜卷就完成了。

取一片全麦吐司，仔细地裁出小兔子毛茸茸的脑袋形状。小兔子的眼睛圆溜溜的，看着美味的菠菜卷和软软的胡萝卜小馒头，一时不知道该先品尝哪一种才好。

"实在是太难选择了！每一种我都爱吃！"女儿看着丰盛的早餐，说出了小兔子的心声。

步 骤

01 将牛肉切丝，炒熟作馅料备用；

02 取出菠菜面饼成品，放在平底锅煎香软。放入馅料，卷好切段；

03 取出全麦吐司，用剪刀裁出小兔子头部造型；

04 做胡萝卜状馒头，蒸熟备用，切黄瓜丝做装饰；

05 洗净猕猴桃、草莓，切片；

06 取出橙子，榨汁装杯。

龙猫下山了

蛋炒饭摆盘 + 果盘

食材

龙猫下山了
寿司紫菜 / 奶酪片 / 白吐司 / 蛋炒饭 / 蓝莓

果盘
青提 / 金橘 / 蓝莓 / 小番茄

在电影《龙猫》中，女儿特别喜欢的一个场景就是胖乎乎的龙猫和两个可爱的小女孩等公交车。女儿总是幻想着，要是自己坐公交车的时候能遇到龙猫就好了。我给女儿做了一只刚刚出门的龙猫，它从山上下来，正好遇上了刚到站的公交车。龙猫乘着软软的面包做成的公交车，满怀期待地想象着即将去往的地方。

女儿用叉子轻轻拨动“山”上一片一片的黄色、绿色，想象着龙猫居住的地方。“黄色的是长在菜地上的小黄花，还有这些绿色的小草，长得很茂盛，龙猫生活的地方真美呢！”是呀，龙猫居住的地方空气清新，鸟语花香，没有嘈杂的喇叭声，没有弥漫的烟尘，在这里享受的静谧是熙熙攘攘的城市中难以寻觅的。

不过，龙猫坐上了公交车，很快就能到城市里来了，它还没见过这么多的孩子，这么琳琅满目的商店。女儿说，不知道等一下上学的途中会不会刚好遇到它呢？

步 骤

01 做蛋炒饭：取两个鸡蛋打成蛋液，取瘦肉、豆角、洋葱切成丁，准备做蛋炒饭；

02 热锅凉油，放入瘦肉炒熟，放入蛋液，用筷子搅散，鸡蛋半熟时放进米饭炒散，加豆角、洋葱、盐和葱花调味；

03 用寿司紫菜包住蛋炒饭，翻转做龙猫身体，奶酪片剪成椭圆肚子和小眼睛；

04 取出白吐司，剪成车子形状，洗净蓝莓做车轮，装盘造型；

05 洗净青提、金橘、蓝莓、小番茄，装盘。

一只胖龙猫

牛油果摆盘 + 恩施小土豆

食材

一只胖龙猫
牛油果 / 猕猴桃 / 奶酪片 / 芝麻酱 / 小番茄

其他
恩施小土豆

女儿非常爱吃土豆，土豆的做法千变万化，每一种她都“爱得深沉”。这天，我恰好收到了朋友从湖北恩施寄来的小土豆。恩施山高林密，独特的酸性土壤中含有丰富的硒元素，对提高人体免疫力、预防疾病尤其重要，也格外美味。这些土豆个头虽然小，却比一般的大土豆有更浓郁的土豆香味，一定可以让女儿大饱口福。

步　骤

01 洗净湖北恩施小土豆，蒸熟后剥皮，撒上细盐装盘；

02 取牛油果切半，椭圆凸起之处用刀划一个肚子形状。用另外半个的果皮剪出耳朵和四肢；

03 洗净猕猴桃，切片装盘。

一个个小巧玲珑的土豆还沾着来自远方的泥土，我将这些小土豆用清水洗净，隔水蒸熟后剥去外皮。撒上适量的细盐，小土豆中的淀粉香气与细盐相遇迸发出简单而又独特的咸香。小巧的土豆女儿刚好可以一口一个，想着女儿吃着软糯的土豆，小嘴塞得鼓鼓囊囊的，我不由得笑了。

在许多动画形象中，龙猫始终是女儿的最爱，几乎每隔几天，我都会在早餐中加入一只胖乎乎可爱的龙猫。这次，我选择用女儿爱吃的牛油果来做龙猫。牛油果对半切开，用小刀在外壳上小心地划出一个小圆圈，用刀尖轻轻一揭，龙猫的小肚子就露出来了。另外半个的果皮取一部分，用剪刀剪出龙猫的耳朵和四肢。用吸管压在奶酪片上一转，再用牙签取出，点上黑色芝麻酱，盖在牛油果上，就是龙猫的眼睛。

每天的早餐都不能缺少蔬果，新鲜的蔬果不仅汁水饱满，维生素也十分丰富。猕猴桃、小番茄……这些清新可爱、酸甜怡人的蔬果都是宝贝早餐的完美选择。

看，有一朵紫色的花

紫甘蓝摆盘 + 肉酱意面

花草是轻盈的小精灵，是大自然最敏感的使者。一年四季中，每一季每一月每一天，都有不同的小精灵在向我们传递大自然的变化。在我们家的阳台上，我和女儿一起种了许多花。有时候，我会在阳台架一张小圆桌，与女儿一同在曼妙的花朵中度过一个美妙的早晨。

这天早晨，阳光散漫地洒在阳台上，映照着一阳台灿烂的花朵。女儿沐浴在暖融融的阳光中，仔仔细细地观察着阳台上的每一朵花。女儿最近在学实物素描，这一朵朵小巧的花，是否能给女儿带来灵感呢？

女儿摘了几片紫甘蓝叶，在盘子上摆出一朵花的形状，又摘了几根翠绿的葱叶，支在花朵下，作为挺直的花茎。剥了外壳的碧根果放在葱叶下，作为滋养花朵的泥土。

在女儿忙活着“种”出一朵小花时，我已经煮好了意面（即意大利面），和往常一样，拌上女儿喜欢的番茄肉酱。牛奶麦片口感清爽而有营养，恰好调和了肉酱意面带来的浓郁滋味。

这一朵种在盘子上的紫色小花让女儿很是欢喜，她小心翼翼地捧着花朵，轻轻地带到花园里，清晨的花园顿时热闹起来了。

食材

看，有一朵紫色的花
紫甘蓝 / 碧根果 / 葱

肉酱意面
橄榄油 / 盐 / 料酒 / 淀粉 / 洋葱 / 蒜 / 番茄 / 番茄酱 / 抱子甘蓝 / 坚果 / 紫甘蓝 / 肉末 / 意面 / 鸡蛋

其他
牛奶 / 麦片

Tips 制作

煮好的意面放置一旁等待酱汁烹煮时，可在表面淋一点橄榄油，以防粘连。

步骤

01 锅里煮开水，竖立放进意面，呈发散状，用筷子打圈搅拌，煮 8 分钟左右。煮好捞起，沥水，放入橄榄油拌匀打散，装盘备用；

02 切肉末，放少许盐、料酒和淀粉拌匀，洋葱和蒜切碎，番茄去皮切丁；

03 把锅烧热，放小块黄油，放入肉末炒熟备用，炒香洋葱碎和蒜末，放入番茄丁炒至出沙；

04 倒入肉末，加入 4~5 勺番茄酱一起炒匀；

05 将意面放进锅里和酱料拌匀，撒一点点胡椒粉出锅装盘；

06 取鸡蛋，煎荷包蛋，装盘；

07 加入抱子甘蓝，坚果、葱、紫甘蓝装饰成鸢尾花形状，装盘；

08 取出牛奶，隔水煮热，放入麦片，搅拌均匀，装盘。

跃动的数字

数字馒头摆盘 + 肠粉

食材

跳动的数字

数字馒头 / 葡萄

肠粉

肠粉专用米粉 / 水 / 鸡蛋 / 酱油 / 花生油

步　骤

01 网上购买肠粉专用米粉，用适量水调成米浆；
02 取大的平底不锈钢盘子，刷上花生油，均匀倒入米浆；
03 取一个鸡蛋，搅拌后，均匀倒在米浆之上；
04 放入蒸笼内，蒸3分钟，至表面起泡；
05 用铲板推成长条状，淋上酱油；
06 洗净葡萄，备用；
07 蒸熟提前做好的数字馒头，备用；
08 摆盘，造型。

时间总是在我们还未察觉的时候，就踮着脚尖悄悄溜走了。有一次，女儿像一个小大人一般感慨道："时间跑得真快呢！"

是啊，时间跑得真快呢。我还记得女儿出生的时候，她蜷缩在我的怀里，身体软乎乎的，眼睛微微张开，小拳头紧握着，像一只可爱的小白兔。从女儿牙牙学语、蹒跚学步，到初入校园，戴上红领巾，直至坐在餐桌前，一边吃着早餐一边与我欢笑着，讨论在学校里发生的趣事，这一切都恍如昨日。女儿成长的每一个过程我都想记录，女儿的每一种情绪我都感同身受。

时间就这样慢慢流走，在每天变换的早餐中，不知道女儿有没有发现一天天食材的不同，一日日口味的变化呢？

在这岁末交替之间，我找到一款数字模具，用它来给宝贝做馒头，别有一番纪念时间的滋味。在制作手工馒头的时候，用数字模具在发酵好的面团上压制出形状，再放入蒸炉中蒸熟，就是热乎乎的数字馒头了。我选择了"2、0、1、6、7"这几个数字，"2"是鲜甜的牛奶味；加了胡萝卜汁的"0"圆滚滚的，带着胡萝卜特殊的香气；"7"中则添了蔬菜汁，翠绿可爱。

我选择女儿爱吃的地道东莞肠粉与小馒头搭配。肠粉的制作看重所调粉浆的质量，同时考虑到给女儿均衡营养，我经常打一个鸡蛋在粉浆上，一同蒸煮。蒸熟的肠粉淋上一点香香的酱油，口感咸香软糯，混合了鸡蛋的香味，女儿每次都吃得很开心。

女儿醒来，看见这一盘用数字组成的早餐，笑着说：“肯定是这圆滚滚的‘6’跑得太快了，抓都抓不住，只好拉了‘7’来填补位置。”

在女儿俏皮的话中，时间的流逝似乎成了一件有趣的事。与面对年岁见长更容易伤感的我们不同，或许在孩子们的眼中，岁月的变化是一件值得欣喜的事情，他们对未来有着许多期待，很多的梦在未来等待着他们去实现。

一首诗，一顿早餐

番石榴摆盘 + 牛油果摆盘

女儿刚上小学的时候，学的第一首古诗就是唐代诗人骆宾王的《咏鹅》。

“鹅鹅鹅，曲项向天歌。白毛浮绿水，红掌拨清波。”一首简单的五言律诗，在女儿稚嫩清脆的声音中，反而带上了可爱天真的童趣。后来，女儿又学了不少古诗，每日清晨，总是能听到她朗朗的念诵声，与细碎的阳光一起组成晨间最可爱的音符。

我总忘不了女儿念着第一首诗的模样。因此，这一天的早餐便以“鹅”为主题，带女儿重温她那童稚的一年级。

番石榴削去外皮之后，果肉水润，泛着些许嫩黄，恰似鹅身上的嫩黄色。煮少许的小球藻面，铺在鹅脚下，便是清澈的湖水。鹅自在地在水面游着泳，两只小蝴蝶在天空中舞动着，一切都是那么宁静，那么美好。

作为湖水的小球藻面不足以填饱活泼好动的女儿的小肚子，我便取来一片吐司，贴上几片牛油果与水煮蛋，便是清爽但营养充足的主食了。

我与女儿看着这份早餐，迎着晨光，不约而同地背诵起那首诗：“鹅鹅鹅……”

食材

鹅

番石榴／黑芝麻／小球藻面／鸡蛋／砂糖橘

其他

吐司／牛油果／水煮蛋

步　骤

01 取一个番石榴，削去外皮，对半切开后做鹅的颈部、身体和头部，用牙签点上黑芝麻做眼睛；
02 烧开水放入小球藻面，煮熟后摆盘；
03 取鸡蛋，煮熟后，对半切开摆盘，另一半切片摆盘；
04 取出砂糖橘，做成蝴蝶的形状；
05 取出牛油果，对半切开备用；其中半个切片；
06 取出一片吐司，放上切开的水煮蛋和牛油果片；
07 另半个牛油果去核，放上小半个水煮蛋。

夏

时间的故事

广东的四季总是不那么明显，春与夏之间连绵着好几场梅雨，秋与冬之间有时只需要一个晚上的时间来变换。我们除了通过每天更换的衣物，坐在车里听的晨间天气广播，餐桌上的时令菜色，还有别的感知四季变化的方法吗？或者说，我们在忙碌的生活中能感受得到时间的质地，能感受得到生活的美妙吗？

孩子的观察力比较敏锐，他们时常比成年人更容易忘却负面的记忆，所以也总是比我们更多地感受着生活的喜悦。因此，我喜欢和女儿去绿道、公园、树林散步，与其说是我带女儿，不如说是女儿带我，在对生活的领悟力上，她是一位独特的小老师。

阳光穿过绿叶的缝隙，被剪成各式各样的影子，清晨鸟儿的叫声与日落时听到的叫声有什么不同，湖边的小白天鹅又长大了……我告诉女儿花草的名字，鸟儿的习性，女儿则告诉我每次散步观察到的新变化。

插花也是我和女儿的日常活动。院子里的花草每季都不一样，剪取当季盛开的花朵，或者含苞待放的花骨朵，配上沉郁大气的铜花瓶，或质朴的陶土瓶。四季的花草于我和女儿的手中变化，在与娇柔的花瓣、青葱的绿叶亲密接触中，时光慢慢流淌，醇郁得像一杯香透的茶。

于是，在宝贝的早餐桌上，我也用变换的食材来迎合变换的季节，时令蔬果是在都市生活的人们接触大自然的途径之一。

时间带走的是日复一日的繁忙，留下的是年复一年的喜悦。

热闹的夏日池塘

卡通馒头摆盘 + 坚果酸奶

食材

热闹的夏日池塘
荔枝 / 红心火龙果 / 卡通造型鸭子馒头 / 水金钱

其他
坚果 / 酸奶

广东大部分地区处于亚热带，夏天炎热而喧闹。蝉在树叶间不知疲惫地鸣叫，太阳直射北回归线带来的高温让空气中的每一粒尘土都显得燥热。广东特有的各式各样的冰品甜点是女儿夏季消暑的最爱，许多清甜、新鲜的时令水果也在夏季来到我们的眼前。荔枝、龙眼、芒果、火龙果等，这些水果为夏季的广东增添了几抹亮眼的色彩，总能满足孩子们的胃口。

广东特产清甜多汁的荔枝，低调的红色果皮包住半透明的果肉，水润欲滴。剥开冰镇后的荔枝轻轻一咬，满嘴的冰爽与甜蜜，十足的夏日甜爽气息。

恰逢东莞的荔枝应季上市，我便用女儿爱吃的荔枝为她准备一顿清爽的夏季早餐。

将荔枝剥去外皮后，用刀在果肉上划 5~6 刀。注意每一道划痕不要划到最后，剩余底端还要连接着。然后用手将果肉顺着划痕轻轻剥开，果肉便像花朵一般绽放开来。果核留下，作为点缀其中的花蕊。果肉正像夏天盛开的荷花，散发出阵阵果香。

取一个浅蓝色的盘子，铺上几朵可爱的荔枝花，再点缀几片洗干净的圆叶子，一池美丽的荷花就这样呈现在女儿面前。

主食部分我选择了馒头，普通的白面馒头孩子们也许吃得不香，选择可爱俏皮的小黄鸭馒头则能让孩子眼前一亮，食欲大增。搭配紫红色的火龙果作为餐后水果，做成美丽的蝴蝶，在女儿的早餐盘上翩翩起舞。

在这个燥热的早晨，用清凉的水果为女儿拂去心中的浮躁，让女儿更好地感受夏天的魅力。

Tips 制作

掰开荔枝果肉时，找到荔枝壳上的竖线，用巧力一捏，壳就很容易裂开。

步　骤

01 取出卡通造型的小黄鸭馒头成品，蒸熟后摆盘；

02 取出荔枝，剥壳，用刀在顶部划出一个十字状，再层层叠叠划几下，沿着刀口掰开，形成荷花形状；

03 取出红心火龙果，切块，用模具压出蝴蝶和花朵形状，摆盘；

04 取出水金钱，装饰摆盘；

05 取出酸奶，装杯，放入少许坚果。

小羊的花果园

喜羊羊馒头摆盘 + 甘蔗汁

食材

小羊的花果园
喜羊羊馒头 / 荔枝 / 金猕猴桃 / 红心火龙果 / 杂粮欧包

其他
甘蔗汁

这一天，女儿悄悄告诉我，她梦见了动画片里3只玲珑可爱的喜羊羊。于是，我拿出了高筋面粉、天然酵母等材料，准备再次邀请那3只喜羊羊来女儿的餐桌上做客。

盛夏的果实经过绵绵春雨的滋润，糖分一点一滴地在温差变化中累积。时间铸就了南方的夏天，这样果实繁多的季节。炎热而又悠长的日子，总是与冒着冰爽气泡的水果饮料分不开。记忆中清甜的水果香气，像蓬勃的

Tips 制作

水果与杂粮欧包作为早餐主食，热量已经足够。如果孩子的早餐还需要加量，可以增加紫薯粥、面条等主食。

植物一样，像居高不下的温度一样，是夏天的专属感觉。

这一次，3只喜羊羊在炎夏来到了一个特意为他们准备的花果园。

将红心火龙果去皮，轻轻切开，紫红的果肉恰似一朵娇艳欲滴的玫瑰。金猕猴桃削去外皮后切成圆片，从圆片的中心向四周切开呈扇形，一朵朵淡黄色的小花就开在了喜羊羊的身边。选几颗带枝叶的荔枝，适当修剪之后放在盘子的边角，做成荔枝挂在树上的形状，在树上摇摇欲坠，仿佛看得3只喜羊羊口水直流。

杂粮欧包混合了燕麦片、黑麦片、小麦片、玉米面、亚麻籽等丰富的谷物，还包裹着一粒一粒的果仁，我和女儿都爱这种原始清新的麦面香味，还有咀嚼时各种谷物在口中糅合，那种外酥内软的口感格外有嚼劲。切上几片，与丰富的水果搭配，在享受美味的同时给宝贝带来充足的营养。

最后，配上一杯健康的甘蔗汁，让女儿饱饱的胃可以好好消化。

步　骤

01 取出喜羊羊馒头成品，蒸熟摆盘；
02 取出杂粮欧包，切片备用；
03 取一颗荔枝，剥皮做装饰；
04 洗净金猕猴桃、红心火龙果，切片装盘；
05 洗净甘蔗，剁成4节，削皮后竖着切为4段，再从中切一刀；
06 把处理好的甘蔗均匀码放进热锅中，加入清水，水烧开后，转小火熬煮至汤汁黏稠；
07 加入少许冰糖，小火熬煮10分钟后关火，将熬煮好的甘蔗汁装杯。

碧水荷花

荔枝摆盘 + 全麦欧包配果盘

食材

碧水荷花
荔枝 / 黄瓜 / 水金钱

果盘
芒果 / 猕猴桃 / 红心火龙果

其他
菊花茶包 / 全麦欧包

夏天最不能错过的风景莫过于那一池静谧的荷花。自古以来，高洁傲岸的荷花便是文人贤士的喜爱之物。“出淤泥而不染，濯清涟而不妖”，荷花在夏日的黄昏中随风轻摇，散发出细腻而不易察觉的荷香。在广东东莞的桥头镇，每至6月末，便是荷花盛开的时节。据记载，明清时期，桥头镇种植荷花的湖泊面积达100多公顷。每年的这个时候，人们来到湖上划船赏荷，兴味盎然，身上的暑气也不觉而散。

我和女儿早早约定了要去桥头镇看荷花。出发的这个早晨，我为女儿准备了这盘小巧玲珑的微型荷池，让她尚未出发，便已经开始“赏荷”。

步　骤

01 取出荔枝，剥壳，用刀在顶部划出一个十字状，用剪刀层层叠叠划几下，沿着刀口掰开，形成荷花形状；

02 取出黄瓜，切成薄片状，装饰备用；

03 取出水金钱，装饰备用；

04 取出全麦欧包，切片装盘；

05 洗净芒果、猕猴桃、红心火龙果，切片装盘；

06 取出菊花茶茶包，用温水冲开，装杯。

Tips 制作

1 荔枝荷花做得不宜过多，适当留白，会让画面更好看。

2 除了水果，也可增加清爽的蔬菜沙拉，为孩子补充维生素。

这两朵玲珑剔透的荷花是用荔枝制作而成的，添上几片形状与荷叶相似的水金钱，不就是在水面上摇曳的荷花吗？

荷花底下是清澈的湖水，我削了几片黄瓜，将它们依次叠在荷花的下方。黄瓜墨绿色的外皮与浅绿色的果肉恰似绿波盈盈的湖面。

由于户外的气温较高，加之人在户外活动时尤其需要补充水分，因此我准备了大量的水果、几片全麦欧包与一杯甘甜的菊花茶，提前为女儿补足所需的水分与营养。

女儿醒来，看见这盘微型荷池，果然兴奋不已，连连催着我出发，她盼望着去看那洁净、可爱的荷花。

生如夏花

木瓜摆盘 + 紫米粥

泰戈尔的《飞鸟集》中有这样一句隽永的诗：生如夏花之绚烂。女儿读到了之后，好奇地问我："夏花到底是什么模样呢？为什么夏花会这么绚烂？夏花开在哪里呢？"

这些问题十分孩子气，又十分可爱。我觉得用语言还不够传神地表达出夏花的美与绚烂，不如用一顿早餐作为答案吧！

夏花应该是有着热烈、温暖的黄色，如阳光一般，洋溢着生命活力，在阳光中摇曳，那是属于夏天的颜色。我选的是清甜滋润的木瓜，质地柔滑，色彩明亮而柔和。将木瓜切成两半，削去外皮，再用小刀轻轻一切，便得到一块厚实而柔软的花瓣。用小刀调整花瓣的外形、弧度，让花瓣更加自然、漂亮。

一片又一片的花瓣叠在盘子上，盛放出两朵灿烂的花。我又捏了两段薄荷，作为支撑花朵的花梗，让夏花开得更有活力。

木瓜的香气混合了薄荷的清甜，让这个夏天的早晨更加清爽。

食材

生如夏花
木瓜 / 薄荷叶 / 迷迭香

其他
紫米粥 / 橙汁

Tips 制作

“夏花”可以换为夏季的时令水果，比如芒果。但芒果的果核有毛，处理果肉时需要注意。

紫米粥是以紫米加上水和细砂糖熬煮而成的家常粥。紫米比一般的白米营养价值更高，同时还含有丰富的膳食纤维、维生素，以及铁、锌、锰等微量元素，可以有效补充营养。在紫米粥中加入莲子、杂粮等，可以进一步增加粥品的营养。

配合这么丰盛的早餐，我想女儿看到灿烂的夏花，就能找到她想要的答案了吧。

步　骤

01 取出木瓜，切成细长条花瓣状，拼摆出花状；

02 取出薄荷叶、迷迭香，装饰摆盘；

03 紫米、白米、莲子混一起洗两遍，放进电饭煲里，加水和细砂糖煮好，保温放置 20 分钟；

04 取出橙汁，装杯。

龙猫与熊猫一同去探险

可颂煮蛋摆盘 + 葱油拌面

自从吃了美味的恩施小土豆，没过几天，女儿又撒娇着要吃土豆泥了。女儿说，真想变作一只小鼹鼠，储存满满一个地窖的土豆，想想都觉得幸福。为了满足这个可爱的小心愿，我又给“小鼹鼠”准备一顿土豆泥早餐。

食材

龙猫与熊猫一同去探险
寿司紫菜 / 土豆泥 / 白吐司 / 水煮蛋 / 紫甘蓝 / 黄瓜 / 可颂

其他
葱油拌面 / 小土豆 / 煎鸡蛋 / 苹果汁

我经常用寿司紫菜搭配土豆泥制作食品，因为脆脆的寿司紫菜恰好能包裹住软绵的土豆泥，这一次的主角是龙猫和它的朋友熊猫。龙猫的身躯用土豆泥做成。将小土豆用清水煮熟，剥去外皮后，留下几个小土豆吃原味，剩下的放入压泥器中，压出细密绵软的土豆泥。土豆泥中撒上少许的盐、黑胡椒调味，口味可以更加丰富。

接着，用一把大勺子把土豆泥压制出半椭圆状，小心铺在盘子上，用勺边调整出椭圆形，龙猫饱满的身躯就出来了。剪一张椭圆状紫菜盖到土豆泥上，并加上半个水煮蛋做成的肚皮、奶酪片印出的眼睛。这一次龙猫的肚皮变的立体了，显得龙猫胖乎乎的更加可爱。另一半水煮蛋刚好用来做熊猫的小脑袋，用白吐司剪出熊猫的身躯，寿司紫菜剪出它的手脚和耳朵，一只栩栩如生的熊猫就完成了。

龙猫撑着一把紫色的小伞，站在草地上看风景，熊猫慢悠悠地来到了龙猫旁边，笑着和龙猫打招呼。龙猫揉着刚刚吃饱的鼓鼓的小肚子，邀请熊猫坐上可颂面包一同去探险。

主食部分我用剩下的蒸熟的小土豆，加上香喷喷的葱油拌面和煎鸡蛋，搭配一杯鲜榨苹果汁来补充维生素，这顿可爱又营养丰富的早餐一定能让女儿吃得开心。

步　骤

01 取一个鸡蛋，白水煮熟，切成两半备用；

02 做土豆泥：土豆洗净，去皮切薄片，放入小汤锅中，加入适量清水，水量以刚好没过土豆为准，先大火煮开，再转小火煮到土豆熟透；加入盐、胡椒粉、黄油，再用勺子趁热将土豆压成泥；

03 用寿司紫菜包住土豆泥，翻转做龙猫身体，取半个水煮蛋做龙猫肚子。用寿司紫菜剪出耳朵和胡子；

04 取半个水煮蛋做熊猫头部，用白吐司剪出熊猫身体。用寿司紫菜剪出熊猫手和脚；

05 取出黄瓜，削黄瓜皮，剪成小草、竹子状。取出紫甘蓝，剪成小伞，摆盘；

06 取出可颂，装好摆盘；

07 取出恩施小土豆，开水煮熟后，剥皮撒上盐；

08 取两个鸡蛋，打成蛋液，煎成蛋饼，备用；

09 做葱油拌面：烧开水放入面条，煮熟后捞起，加入葱花、香油、盐拌匀；

10 榨苹果汁：取出苹果，榨汁装杯。

Tips 制作

在《松树下的龙猫》中，我将土豆泥包成半椭圆状作龙猫的躯体，而在这款早餐中，我使用另一种制作方法，增加了水煮蛋作为肚皮，让龙猫的躯体更立体。

盛夏的果实

樱桃摆盘 + 牛肉丸河粉

食材

盛夏的果实
樱桃 / 黑芝麻酱

其他
牛肉丸河粉 / 玫瑰花茶

不知不觉间，午后的蝉鸣声一天天弱了下去，正午的日光也不再那么炽烈，晚间偶尔还会有丝丝凉意。原来一年的时光即将过去二分之一了，在这二分之一的时间里，从明媚温婉的春天早晨，到炎热炽烈的夏季早晨，每一天都有宝贝早餐的陪伴，再过不久，凉爽的秋季早晨也要到来了。

早晨的时光虽然短暂，但也足以让我与女儿充分享受其中的简单美好。窗外的阳光洒落在餐桌上、餐盘上，因为季节的变换而产生不同的心情与体验，轻柔地在我们的心中荡漾。

虽然我们无法抓住流逝的美好时光，但我们可以通过食物将这一刻铭记，用味觉勾起深埋的回忆。

食物之于生活，不仅是柴米油盐那么简单，更是我们对生活的一份热情，一份期待。这一天，我就准备了这一幅“盛夏的果实”，和女儿一起抓住流逝的夏天。

作为画面主角的樱桃味道清甜，而且含铁量高，能促进血红蛋白再生，增强体质，有效保护视力，对孩子的成长很有益处。

Tips 制作

需要注意卫生，使用的叶子一定要清洗干净再使用。

我取来一个盘子，用蘸着黑芝麻酱的筷子在盘子上画出树枝的轮廓。不必在意笔画的断续，粗糙感能带来特别的意境。在树枝末端缀上深红色的樱桃。饱满的樱桃可以令画面具有立体感，同时色彩也更加丰富。

绿色代表着活力、新鲜，是充满着夏天气息的色彩，可以在树枝上适当贴上几片树叶，让画面饱满、生动起来。

这次早餐的主食是牛肉丸河粉，牛肉丸饱满，香气扑鼻，搭配爽口的河粉，为宝贝提供充足的能量与营养。

步　骤

01 取出黑芝麻酱，用筷子蘸上，在盘子中画出树枝模样；

02 洗净樱桃，把樱桃叶子剪成小片装饰，摆盘备用；

03 做牛肉丸河粉：烧开水，放入牛肉丸，煮至熟，装好备用；烧开水，放入河粉，捞起后，倒入牛肉丸和汤；

04 取出玫瑰花干，热水冲开，装杯。

呆萌的吉娃娃

饭团便当 + 果盘

食材

呆萌的吉娃娃

大米 / 意大利面 / 黄油 / 虾 / 鳕鱼 / 午餐肉 / 猕猴桃 / 草莓 / 生菜 / 寿司紫菜

其他

蓝莓 / 圣女果 / 薄荷叶

我和女儿都十分喜欢小动物，有时候在晚饭过后，和女儿到小区里散步，会遇见邻居们带着他们的狗狗出来遛弯。狗狗们迎面遇上我和女儿，一定会一边支着鼻子，努力分辨我们身上的味道，一边不停地摇晃着小尾巴，十分可爱。女儿特别喜欢那只体形娇小的吉娃娃小狗，每每见到，女儿都忍不住上前与小狗玩上好一会儿，喜爱得完全不愿意撒手。

而每次回到家，我们养的小猫咪点点，闻见女儿身上有狗狗的气味，便摆摆头走开了，那冷淡气恼的模样，反而特别可爱。

步 骤

01 取出大米，煮熟，捏成吉娃娃小狗的形状；
02 取一根意大利面炸熟，截成几段，用作吉娃娃头部和耳朵处的连接固定杆；
03 烧开锅，加入黄油，将虾、鳕鱼、午餐肉香煎，煎熟后装盘；
04 洗净草莓、生菜、猕猴桃，切开后装盘；
05 洗净蓝莓、圣女果、薄荷叶，装盘。

早晨，我煮好了米饭，捏了一只长着尖尖耳朵的吉娃娃小狗。用酱油为小狗的脸增加了些许颜色，再贴上剪好的寿司紫菜小眼睛，一只呆萌的吉娃娃小狗便出炉了。

女儿看见这只吉娃娃小狗，忍不住想要用它来逗弄小猫咪点点。女儿抱起点点，让点点也瞧瞧这只可爱的吉娃娃，点点眯着眼睛，仔细地盯着吉娃娃小狗看了一会儿，又气呼呼地从女儿身上跳下来，缩回自己的小窝了。

“看来我们家的点点有点吃醋呢！”女儿笑着说道。

早安，吐司王国

白吐司摆盘 + 牛奶玉米片

食材

早安，吐司王国
白吐司 / 黄油 / 蜂蜜 / 白砂糖 / 草莓 / 香橙 / 奶酪片

牛奶玉米片
玉米片 / 牛奶

步　骤

01 取出白吐司，用模具压出猫咪、兔子形状，摆盘备用；

02 取出白吐司，切成一个个小方块。黄油软化为液体，比例 1：1，和蜂蜜混合均匀；

03 烤箱上下火预热 190℃，把吐司方块放入烤箱，两面刷上黄油蜂蜜浆，烤至 8 分钟时拿出来翻面，大约烤 15 分钟，撒上白砂糖；

04 取出奶酪片，用模具压出蝴蝶形状，摆盘备用；

05 香橙剥皮切片，草莓切片，摆盘备用；

06 取出玉米片装盘，倒入牛奶。

清晨灿烂而不刺眼的阳光，暖暖地铺开在我的工作台上，白色的餐盘像是被染上了阳光的色彩，平凡普通的蔬果在阳光下也显得特别新鲜诱人。我们每天在阳光下生活着，那么我们也应该让自己的生命更加鲜活啊，我想用最简单的早餐与女儿一同分享我感受阳光的喜悦。

取一块黄油，软化后加入蜂蜜，搅拌均匀，制作成顺滑的黄油蜂蜜浆。将白吐司切成小方块后，均匀蘸上黄油蜂蜜浆，放入平底锅中煎至金黄色，便是一口酥脆小巧的法式吐司。另一片吐司用模具盖出小猫咪的形状，夹上一片火腿，滋味也十分丰富。饱满多汁的香橙，去皮后切成适于入口的香橙片，橙黄的果肉就像早晨暖融融的太阳，格外明艳动人。

这小小的吐司王国，在阳光的照耀下，静静地等待女儿从美梦中醒来。

小蚂蚁爱运动

葡萄干摆盘 + 紫米粥

食材

小蚂蚁爱运动
樱桃 / 鸡肉肠 / 葡萄干 / 黑芝麻酱 / 黄瓜皮

紫米粥
紫米 / 白米 / 坚果 / 红枣干片

其他
牛奶

孩子有一双爱观察的眼睛和一颗好奇的心，所以对什么都感兴趣，看到新奇的事物总会忍不住问问这是什么呀，为什么会这样。女儿也爱问为什么，她时而指着树木问，树木为什么不像动物一样会跑会跳；时而指着地上的蚂蚁问，蚂蚁的家到底在哪里。

女儿的每一个问题我都会认真解答，希望女儿能在这点点滴滴中渐渐发现大自然的美妙。

晚上，女儿又发问了："蚂蚁和蚂蚁应该怎么交谈呢？"

不等我回答，女儿又自言自语道："蚂蚁不会说话，会不会是用跳舞来交换消息呢？"

我忍俊不禁，原来，在女儿看来，忙忙碌碌的蚂蚁就像跳着舞一般可爱呢。于是，我将跳着舞的蚂蚁请到了女儿的早餐桌上。

用紫红的樱桃做成蚂蚁的身躯，酸甜多汁的樱桃是女儿非常爱吃的水果。这两只蚂蚁举着为整个蚂蚁家族储存的食物，踩在一颗颗葡萄干做成的土地上，正气喘吁吁地往蚂蚁窝搬去。蚂蚁的手脚是用黑芝麻酱画出来的，香香的鸡肉肠搭配甜甜的黑芝麻酱非常爽口美味。女儿笑着"抢"走了蚂蚁举着的食物，一口吞下，吃得格外开心。

看着勤奋的小蚂蚁，女儿又提出了她的新问题："蚂蚁的胳膊那么细长，一点也不强壮，到底是如何搬动比它还大的食物呢？"

我想了想，大概这就是大自然的奇妙吧，看起来那么瘦弱的一种动物，却有那么大的力量，相比起来，我们人类还真是渺小呢。

这个夏日的清晨，女儿一边用着早餐，一边问出不少古灵精怪的问题，让我高兴不已。当我们如同小孩般保持着对这个世界的好奇，就会有追问、研究的动力，才会有发掘更多可能性的机会。

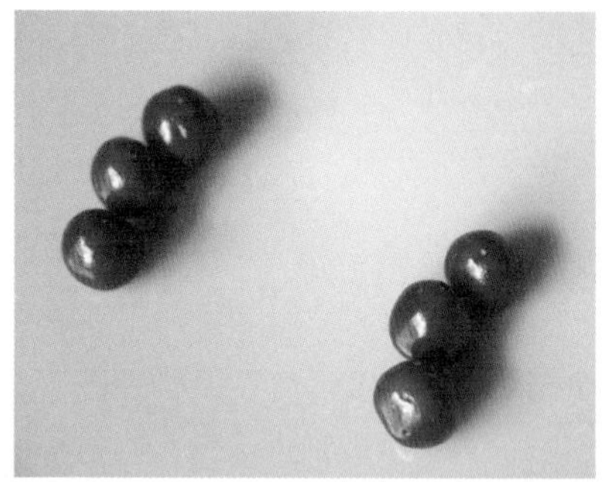

步　骤

01 洗净樱桃，用 3 颗樱桃拼出蚂蚁身体，牙签蘸上黑芝麻酱画出蚂蚁手脚；

02 取出鸡肉肠，煮熟，摆盘装饰；

03 取出葡萄干，摆盘装饰；

04 削一块长条形状的黄瓜皮，摆盘装饰；

05 紫米、白米混一起洗两遍，放进电饭煲里，加水煮好，保温焖 20 分钟，加入坚果和红枣干片；

06 取出牛奶，装杯。

宝贝，儿童节快乐

比萨摆盘 + 橙汁

食材

快乐女孩
比萨皮 / 玉米粒 / 火腿 / 番茄 / 奶酪片 / 软糖 / 寿司紫菜

其他
橙汁

童真是这个世界上最难得也最容易得到的东西，我们在孩提时代就能轻而易举地拥有它，却在长大了之后又不知不觉地丢失了它。永葆童心，是多少父母对孩子由衷的祝福，也是多少大人寻而不得的愿望。我希望女儿在成长的过程中，无论遇到什么样的挫折与困难，都不要丢失掉最初的那一颗宝贵的童心。除了女儿的生日，每一年的“六一儿童节”我都会陪着女儿开开心心地过。

早餐要为女儿儿童节这天的玩耍提供充足的能量，多彩而美味，我希望女儿就如同早餐中的主角一般，快乐、健康地成长。

盘中的小女孩穿着一条比萨制成的灿烂漂亮的裙子。在烤盘上刷一点色拉油，放上薄比萨饼皮，撒上玉米粒、番茄、奶酪等，就可以放入烤箱中烤制。这里我选用了马苏里拉奶酪，它是制作比萨十分常用的一种淡味奶酪，不会遮盖食材原来的风味，清淡的味道也十分适合儿童食用。此外这种奶酪加热后，可以更好地呈现拉丝的效果，拉出奶白色的长长的奶酪丝，宝贝会非常喜欢。材料中的果蔬可以选择孩子平时喜欢的，让孩子亲自参与撒上果蔬粒的过程，感受自己制作爱吃的比萨的满足感。

女儿也有一头秀丽的乌发，所以我用寿司紫菜剪出小女孩的发型，发丝轻盈地飞扬着。小女孩爱扎各种各样的可爱的辫子，可以自由想象，剪出孩子喜欢的发型花样。

如果担心仅仅一片比萨难以满足宝贝的胃口，还可以准备一小碗意面，或是土豆泥、沙拉等，为宝贝打造一顿意式风味早餐。在儿童节这天给女儿做她最爱吃的食物，让女儿从早餐就开始感受即将到来的欢乐。看着女儿津津有味地吃得十分满足，就是我最大的幸福。

Tips 制作

1 比萨饼底也可以到专门的烘焙店购买，省时省力之余，也能保证味道。

2 软糖还可换成水果、蔬菜，不仅滋味丰富，而且色彩鲜明。

步　骤

01 取出比萨皮解冻，刷比萨酱，将玉米粒、番茄、火腿平铺在比萨皮上，撒上奶酪丝，200℃烤 15 分钟；

02 烤好的比萨切成小块，取一块做女孩的裙子；

03 取出奶酪片，剪成女孩的脸部和身体，用寿司紫菜剪出女孩的头发；

04 取出番茄，切半装饰，放上软糖装饰；

05 取出橙汁，装杯。

龙猫想要摘龙眼

龙眼摆盘 + 牛奶

食材

龙猫想要摘龙眼
龙眼 / 乌米饭 / 鸡蛋 / 瘦肉 / 蒜薹 / 寿司紫菜

其他
桃子 / 牛奶

作为美食专栏作家，我乐于尝试不同的食材，品味大自然带给我们的丰富味觉体验，感受每一份食材带给我们的惊喜。我也会经常带着女儿一同尝试。每一种食材的发现和传播都是先人的智慧与经验的累积，也是大自然的无私馈赠。适当地扩大孩子的日常饮食选择，能改善孩子挑食的习惯，也能丰富孩子饮食的营养结构。

偶然得到了一些十分特别、外表乌黑亮泽的乌米，我便想着，用乌米给女儿做一顿早餐。

在江苏宜兴南部丘陵一带，生长着一种南烛树。据《本草纲目》记载，南烛树叶捣碎取其汁液，浸泡糯米或粳米，即成乌色之饭，也就是我们现在所说的“乌米”。乌米饭还与目连救母的故事有关。传说，释迦牟尼弟子目连的母亲在十八层地狱饿鬼道受苦难。目连修行得道后，去地狱看望母亲，每次的饭菜都被抢食一空。为了让母亲能吃上饭，目连捣碎南烛树叶，用汁液浸米，蒸熟的乌米饭乌黑一片，饿鬼狱卒没有了抢食的欲望，目连的母亲终于吃上饱饭，并得以脱离饿鬼道。

将乌米隔水蒸好，乌黑的颗粒看起来饱满小巧。我舀了一勺乌米，在盘子上堆出一个椭圆形，然后用勺子小心调整边缘，推整出龙猫手、脚的形状。再贴上剪好的寿司紫菜，龙猫又有了耳朵和胡须。

Tips 制作

乌米蒸熟加少许糖，也是一种美味的吃法。

步　骤

01 取一个鸡蛋，白水煮熟，切半备用；

02 取出煮熟的乌米饭，捏出乌米饭团，做龙猫的身体，取半个鸡蛋做龙猫的肚子；

03 将瘦肉、蒜薹剁碎，一起香炒，炒熟后装盘；

04 取一枝龙眼，装饰备用；

05 洗净桃子，装盘；

06 取出牛奶，装杯。

阳光下的嬉戏

喜羊羊馒头摆盘 + 紫薯粥

食材

阳光下的嬉戏
喜羊羊馒头 / 坚果 / 胡萝卜 / 毛酸浆果（金姑娘）

其他
紫薯粥 / 橙汁

微风习习的早晨，夏季的太阳刚从东边升起，还未展露它灼热的气势。风从茂密的树叶间吹来，从还未睡醒的花朵中吹来，轻柔的花香，微热的空气，夏天的早晨有着特别的静谧与悠闲，我想用一盘早餐为女儿画出夏天的美丽。

胡萝卜的颜色橙黄明亮，适合用来做初升的太阳。切一片圆圆的胡萝卜片，再用细细的胡萝卜丝围绕小圆片，一个明艳的太阳顿时将整个早餐盘都照亮了。天空的另一角挂着两朵用淡黄色的金姑娘做的云彩，金姑娘其实是一种叫毛酸浆的浆果，它含有人体所需的多种维生素及锌、硼、硒、硅等微量元素，能提供充足的营养，除了作为新鲜水果食用，还可以做成蜜饯、果酱等。金姑娘的果衣轻盈柔软，衬得其中的果实更加玲珑可爱。3个造型可爱的喜羊羊馒头在坚果铺就的土地上快乐嬉戏着。馒头颜色丰富，让孩子在吃的同时感受到游戏的乐趣。

另外，再配上一碗提前熬好的紫薯粥，营养丰富，容易消化，老少皆宜，作为一家人的早餐主食也十分合适。炎热的夏天不宜吃过热的粥食，所以需要放至温热后再给宝贝食用。绵滑的甜粥搭配软软的馒头，宝贝吃完早餐后，再喝上一杯凉爽的果汁，将夏天的燥热感全部抚平。

Tips 制作

紫薯粥是一道营养丰富的美食，制作也十分简单：将紫薯切成小粒状，加入米中一起煮。直到变得黏稠，便可以食用。

步　骤

01 取出喜羊羊馒头成品，蒸熟备用；

02 取出坚果碎，撒上作装饰；

03 胡萝卜切片、切丝，拼出太阳的形状；

04 洗净毛酸浆果（金姑娘），摆盘备用；

05 紫薯去皮切成丁。水烧开后加入大米和紫薯丁，煮至软烂黏稠；

06 取出橙汁，装杯。

大白奇遇记

煮蛋摆盘 + 肉片肉丸汤

食材

大白奇遇记
鸡蛋 / 白吐司 / 寿司紫菜 / 果酱 / 樱桃 / 蛋糕

其他
肉片肉丸汤 / 果盘

女儿是动画电影的忠实粉丝之一，动画电影色彩丰富，人物有趣活泼，非常符合孩子们童真的性情。在《超能陆战队》上映时，我寻了一个空闲的晚上，带着女儿到电影院里观看。电影结束后，女儿深深喜欢上了那只软乎乎、又温柔的大白。

于是，次日的宝贝早餐，我便邀请了这只可爱的大白。

大白是一只超大号的充气机器人，用软绵的白吐司制作再合适不过了。椭圆的鸡蛋恰好可以制成大白的脑袋。

为大白添上眼睛、战队的胸牌后，我还在思索着应该为大白配备什么样的装备，好为餐盘再增添一点乐趣。

当我还在沉思时，女儿已经悄悄醒来了。她惊喜地看着盘子里的主角："大白！"我笑着问女儿："你觉得大白在做什么呢？"

女儿歪着脑袋，一边拿起桌上的小蛋糕，一边摆弄着，她说："大白走在路上，寻找小宏。走着走着，他碰到了一辆小车……"女儿认真地给我描述着大白会在路上遇到的各种人、各种趣事。

孩子的想象力真是无穷无尽，无边无际。当人长大了，因为学的知识、得到的经验，反而想象力有所限制。

有时，我也希望我能如我的女儿一般，清空脑里的杂事，找回那无尽的活力，还有无尽的想象力。

Tips 制作

我为这款早餐配的是肉片肉丸汤，如果天气比较炎热，也可更换为清爽的沙拉，帮助孩子开胃。

步　骤

01 取一个鸡蛋，白水煮熟，切半备用；

02 取半个水煮蛋作大白的头部，取白吐司剪出大白的身体和手部，取寿司紫菜剪出大白的眼睛，牙签点上果酱腮红；

03 取出蛋糕成品，洗净樱桃，取半个鸡蛋，摆盘装饰；

04 做肉片肉丸汤：洗净肉丸、瘦肉，瘦肉切片，烧开水后加入肉片肉丸，生滚汤，加入盐；

05 做果盘：洗净草莓、青提、苹果，装盘。

蚂蚁抬粽子

山楂摆盘 + 橙汁

食材

蚂蚁抬粽子
山楂 / 黑芝麻酱 / 全麦吐司

其他
橙汁

时间对每个人都是公平的，当我们对清晨的这段时光充满热情、充满期待的时候，这段时光便会因你的期待与感受而变得美好。我与女儿度过的每一段清晨亦是如此。

为女儿制作的每一顿早餐融入了我对女儿的爱，我希望我的女儿在这一顿短暂而美好的早餐时光中，跟随着有趣的画面，逐渐感知生活的美。

制作早餐的食材还是普通的食材，却因为制作方法的不同，呈现的摆盘不一样，这些常见的普通食材就变成了造型可爱的食物。就像生活一样，你对生活倾注了多少心意，它就能回馈你多少惊喜。

几颗山楂往盘子上轻轻一摆，再取来黑芝麻酱，画上手、脚，一只山楂做成的蚂蚁便出现了。

每年的农历五月，便会迎来一个隆重的节日——端午节。根据传统习俗，每逢端午节，一定少不了粽子。广东东莞地区粽子多以糯米包裹咸蛋黄、绿豆、花生等材料制作而成，口感香糯黏滑，可以温暖脾肾，还含有丰富的蛋白质、淀粉、维生素等。不过，糯米所含的淀粉为支链淀粉，难以在肠胃中消化水解，孩子不宜大量食用，所以用全麦吐司剪出粽子形状。可以为孩子准备一杯清爽的橙汁，既解渴消暑，又有助于消化。

Tips 制作

夏天容易燥热，可将饮品更换为清热降火的菊花茶，加点糖，清甜美味，十分适合孩子饮用。

步　骤

01 洗净山楂，取3颗山楂做蚂蚁身体，用牙签蘸上黑芝麻酱画出手、脚、触角和扁担；

02 取出全麦吐司，剪成粽子形状，取几片全麦吐司备用；

03 取出奶酪片放在备用全麦吐司上，洗净草莓，放在奶酪片上；

04 取出橙汁，装杯。

清晨的鸟语花香

油桃摆盘 + 果酱吐司

食材

清晨的鸟语花香
油桃 / 黄瓜 / 胡萝卜 / 蓝莓 / 石榴 / 青提 / 全麦吐司 / 果酱 / 奶酪片

其他
牛奶

夏秋之交，正是桃子成熟的季节。约在 7 月底成熟的油桃是女儿非常喜爱的桃子品种之一，它浑身光滑无毛，如同刷了薄薄一层花生油一般亮滑。薄薄的外皮裹着汁水丰富、清甜可口的果肉。鲜艳的外皮中夹杂着些许嫩黄，色彩甚是丰富。油桃还富含维生素 C、有机酸、果胶，以及多种微量元素，对孩子的健康大有益处。

这个油桃光滑圆滚，头部细长，底部圆滑，正像一只活跃有生气的小鸟。我便将油桃切了两半，其中一半贴上奶酪，作为小鸟的头部。另一半更为饱满，恰好作为小鸟的躯体。

这个油桃做成的小鸟轻快地在花丛上略过，花丛中盛开着缤纷的花朵，有带着胡萝卜香气的四叶草，还有花瓣椭圆、用酸甜的青提子做成的小圆花。将全麦吐司涂上可口的果酱，用微波炉加热得软软的，铺上香润的奶酪片和小巧的蓝莓，一片馅料丰富的全麦吐司就做好了。谷物的清香，水果的芬芳，清新的香气轻轻萦绕着这一顿早餐。

一片轻盈透明的石榴云朵悄悄落在花丛上，是准备下雨了吗？

女儿催促着油桃小鸟："下雨了，快快回家哦！"

步　骤

01 洗净油桃，切成小鸟身体和翅膀；

02 洗净黄瓜、胡萝卜，用模具压成星星状，摆放在盘子上；胡萝卜切成薄片，卷成卷状，用牙签固定，撒上石榴籽装饰；青提对半切开装饰；

03 取出全麦吐司，抹上果酱。奶酪片用模具压出花朵形状，和蓝莓一起放在全麦吐司上；

04 取出牛奶，装杯。

不分国界的好朋友

蔬菜摆盘 + 午餐肉

食材

不分国界的好朋友
青菜 / 胡萝卜 / 彩椒 / 米饭 / 肉松 / 寿司紫菜

其他
青枣 / 午餐肉

孩子一天天地长大，慢慢地就会拥有自己的小圈子。女儿在学校也有了知心的三五好友，一群天真烂漫的小女孩儿总是有聊不完的话题，说不尽的趣事。每天早晨，我们一同在餐桌前，一边聊着天，一边享用着早餐。女儿一说到好朋友们的事情，整张小脸上都写满了兴奋，眉飞色舞地和我讲述着哪个朋友又和她约好去逛书店，哪个朋友送给她一件小礼物。

“平生知心者，屈指能有几。”在最纯真的年华里能交到要好的朋友，是女儿童年生活的美好记忆之一。于是，我将女儿和她可爱的朋友们放入了宝贝的早餐中。

用软糯的米饭捏成饭团，做成女孩软乎乎的脸蛋。再用寿司紫菜剪出可爱的丸子头发型和小巧的五官。左边的女孩穿着一条漂亮的鲜绿色连衣裙，看起来清新可人；穿着胡萝卜色裙子的女孩，头发蓬松卷曲，灿烂地笑着；右边的小女孩穿了一件红色的上衣，脸上带着憨厚的笑容。

女儿醒来后，看见我为她做的“不分国界的好朋友”，惊喜极了。她嚷嚷着一定要装到饭盒里，带给她的好朋友们看看。

在这小小人儿的眼中，每一天都是新鲜的，都是充满趣味的。或许，我们也应该借着孩童的视角，重新审度这个世界，重新观察每种事物。或许，我们能在其中发现更多。

Tips 制作

小女孩的头部是用米饭团成的。将一次性手套稍稍沾湿，将适量的米饭放在手心，不断用双手捏紧，直至捏出椭圆形，就是小人偶的脸了。饭团中还可加入肉松作为内馅，改善口感。

步　骤

01 取出蒸熟的米饭，捏成饭团作为小女孩的头部，用寿司紫菜、肉松分别做出小女孩的头发；

02 洗净青菜、胡萝卜、彩椒，剪出小女孩的身体；

03 取一块午餐肉，香煎熟后，装盘；

04 洗净青枣，装盘。

什么时候都要微笑

饭团便当 + 牛奶麦片

食材

什么时候都要微笑
米饭 / 奶酪片 / 寿司紫菜 / 黑松露腊肠 / 鸡翅中 / 虾 / 胡萝卜 / 生菜 / 黄瓜 / 樱桃

其他
草莓 / 樱桃 / 牛奶 / 麦片

孩子的世界总是单纯的，喜、怒、哀、乐这些复杂的情绪总是简单明显地表露在他们的小脸上，他们以最纯真的姿态拥抱着这个世界。

是什么让我们不敢再像孩子一般，用天真、纯净的心对待这个世界呢？

每天，我在为女儿准备早餐时，都感受到那一份纯真感情中蕴藏着的美，希望我的女儿能一直以纯真的心态面对生活。

我沾湿了双手，将蒸好的米饭捏成圆球状的饭团，再贴上奶酪，为它们画上眼睛、嘴巴和红红的脸蛋，两团圆滚可爱的饭团便生动了起来，月牙一样弯弯的嘴巴笑出最可爱最灿烂的弧度。将胡萝卜和黄瓜焯熟后切成小块，放在便当盒中，让女儿在吃得开心的同时营养更加均衡。再清水煮几颗浓郁独特的黑松露腊肠，紧致而肥瘦相宜的猪肉与醇郁的黑松露颗粒搭配，在口中迸发出绝妙的味道。

我为今天的便当取名为“什么时候都要微笑”，期待着女儿醒来后，能跟随着这两团笑眯眯的饭团，露出灿烂的笑容。

步　骤

01 取蒸熟的米饭，捏成米饭饭团；
02 取奶酪片，用剪刀剪出头部形状，取寿司紫菜剪出眼睛和笑脸；
03 取黑松露腊肠，煮熟，装盘；
04 取鸡翅中、虾，分别煎熟，装盘；
05 洗净生菜、黄瓜、胡萝卜、草莓、樱桃，装盘；
06 取一杯牛奶，放入麦片，调匀。

秋

成长的陪伴

清晨时分的空气格外令人沉醉，微风带着秋意徐徐吹来。我和女儿在公园里散步，她蹦蹦跳跳地跑在前面，像一只活泼可爱、在绿丛中寻找每一寸芳香的小鹿，俏皮又可爱。

我的“小鹿”慢慢长大，在她的成长过程中，我一直都格外注意与她共处的时光。无论工作有多繁忙，我都不会错过任何一个与女儿交流的机会，还有什么比亲子之间的相互陪伴更加重要呢？

从女儿四年级开始，“宝贝的早餐”成了我和女儿生活中不可或缺的一环。随着女儿逐渐长大，课业也慢慢繁多起来，每当临近考试，看着女儿紧绷的状态，我都不免担忧。但我发现，每天早上起床，坐在餐桌前吃着热乎乎的早餐的宝贝，脸上的笑容是最放松的。也许因为每一个清晨都带来一个新的开始，也许因为造型可爱的早餐逗乐了她，又或许是我们一贯在早餐时的闲谈中让她暂时放松下来。

有时，我给女儿准备她爱吃的鸡汤鲜肉小馄饨。浓郁的鸡汤炖滚，咕噜咕噜地冒着幸福的气泡，倒入美味的小馄饨，煮熟后捞起来，撒上青翠的葱花。女儿一边吃着小馄饨，一边和我讲学校里遇到的琐事：她的烦闷，她的兴奋，她的忧虑，还有她的快乐……在这个平淡无奇的早晨，女儿慢慢消化一顿营养早餐，我则和女儿一同消化她的各种情绪和小心思。

陪伴，这种心情有时就如同等待。陪伴女儿长大，就如同陪伴一朵含苞待放的玫瑰花，等待她绽放的时刻。在这等待的每一分每一秒里，所有的陪伴都刻印在她的记忆里，所有的时间都充满沁人心脾的清香。

悄然来临的秋意

红薯摆盘 + 橙汁

食材

悄然来临的秋意
煎蛋 / 红薯 / 软糖

其他
橙汁

无须翻看日历，通过每日逐渐凉爽起来的天气，满地泛黄的落叶，我们就知道初秋已经悄悄来临。广东是典型的亚热带气候，四季的变化总不那么分明。尽管夏季已过，正午间偶尔还是非常燥热，但我们仍然能感受

Tips 制作

一张鸡蛋饼可以一分为二，一半用来剪成菊花，一半用模具盖出形状不同的花朵。

到优雅的秋天正在向我们走来。

观察力一向敏锐的女儿放学回来就告诉我，学校里茂密的大树好像没有前些日子那么绿了。在这个初秋的早晨，我想借助一朵自带秋意的花朵，让女儿感悟季节变换的神奇与美妙。

别有雅趣的菊花向来是秋天的专属，它不与百花在姹紫嫣红的春天相争，而是选择了静悄悄地开在秋天。鹅黄色的菊花像一位美丽优雅的少女，是秋天里最亮眼的色彩。

我选择用鸡蛋饼来制作菊花。调制好蛋液后倒入锅中，小火煎至焦香扑鼻。将鸡蛋饼对折几次后，用剪刀将鸡蛋饼剪成条状，一条条在盘子上围绕花心铺成盛开的菊花状。在菊花下方加上叶子和枝干，就更加生动了。清水煮熟的红薯表皮粗糙却十分有质感，适合作为花朵生长的泥土，也为孩子提供了不少的膳食纤维。

秋天的阳光没有夏天那般猛烈，我和女儿端着早餐，来到花园里，享用一场户外早餐。

沐浴在带着凉意的阳光中，女儿不禁说道："原来已经到秋天了。"

步　骤

01 取两个鸡蛋，打成蛋液，放入烧热的平底锅中，蛋液均匀铺平锅面；鸡蛋饼煎好后，一半切成丝状，一半用模具压出花朵和蝴蝶形状，摆盘备用，放上一颗软糖；

02 取鸡蛋丝，拼出花朵，摆盘备用；

03 取一根红薯，煮熟后摆盘；

04 取出橙汁，装杯。

小花丛飘果香

番石榴摆盘＋瘦肉粥

食材

小花丛飘果香
番石榴／小番茄／黄瓜／
毛酸浆果（金姑娘）

瘦肉粥
新鲜瘦肉／大米／葱花

其他
牛奶

秋季是丰收的季节，除了莲藕、山药、韭菜等食物，也有不少酸甜可口的水果，清润的口感能消解秋季的干燥。

番石榴是一种热带水果，带有十分特别的香气，入口甘甜多汁，果肉柔滑，含有丰富的蛋白质、维生素 C 等营养成分。而从食材能量来说，相较苹果，番石榴脂肪含量少、热量少，是味道极好的健康水果。

我将番石榴洗净切片，用不同形状的模具盖出几片花瓣。特有的粉红色果肉让这些“花瓣”显得娇艳动人，像结伴秋游的青春少女。

用刀小心地削几片黄瓜皮，铺在花朵下面当作花朵的枝叶。为了让画

Tips 制作

把番石榴切片之后，用模具按压中间的地方，果实中间的空心和果籽部分恰好可以作小花的花蕊。

面更丰富，我还增加了红色的小番茄与黄色的金姑娘作小花，红色与黄色都是女儿喜欢的颜色。

微微有凉意的初秋，正需要一碗热乎乎的瘦肉粥暖暖胃。将新鲜瘦肉与大米一同煲煮得软软糯糯，粥底口感顺滑，瘦肉鲜香扑鼻。搭配一杯香甜的牛奶，让早餐更加营养。

女儿醒来后，我们两人坐在明媚的阳光下，一同享用这顿滋润的早餐。

看着女儿像小大人一样，一本正经地说出她对这顿早餐的感受，我觉得又可爱又欣慰。女儿与我一样，格外珍视这段难得的相处时光。

步　骤

01 取瘦肉，倒入盐、酱油、油腌制半小时，备用；

02 煮大米粥，粥煮开后倒进瘦肉搅拌，再小火焖 15 分钟，食用前加入葱花；

03 取番石榴，切片并用模具压出花瓣的形状；

04 取小番茄剪成花瓣状，取金姑娘对半切开作做果实，取黄瓜皮剪成枝叶；

05 取出牛奶，装杯。

假装是树懒

牛油果摆盘 + 酸奶玉米饮

食材

假装是树懒
白吐司 / 牛油果 / 青提子 / 橘子 / 黑芝麻酱

酸奶玉米饮
酸奶 / 玉米片

在女儿喜欢的动画电影《疯狂动物城》中，有这么一只憨厚可爱、动作奇慢的树懒。当这部电影上映的时候，我和女儿便去了电影院。看完电影，女儿每每说起这只树懒，都忍俊不禁，能笑上好一会儿。

如今，在越来越忙碌的生活中，人们几乎没有时间放缓脚步，用片刻的休憩感受生活的点滴。然而，生活的美好之处，又需要我们脱离热闹与快节奏，在这种缓慢而安静的氛围中，静心去体悟。

每日与女儿的早晨约会，就是我一天中最放松的时候，在这样缓慢的时光中，我与女儿静静享受、品味时间给予我们的欢乐。

步　骤

01 取一个牛油果，剥皮后压碎，做树懒身体；
02 取白吐司，剪出树懒头部，用牙签蘸上黑芝麻酱，画出树懒脸部；
03 取橘子，剥皮装盘；
04 洗净青提子，切半装盘；
05 取玉米片，装盘，倒入酸奶。

这个早晨，我决定为女儿将这只树懒带到女儿的早餐中，让女儿与可爱慵懒的小树懒一起享受晨间美味。

用一块白吐司，先剪出树懒的头部。电影中，树懒的脖子几乎与头部同样宽，因此只需将头部稍稍拉长，树懒便有了脖子。剩余的部分继续用剪刀修出树懒的手，一只憨态可掬的树懒就成型了。

再将牛油果去皮，用勺子轻轻压碎，呈颗粒分明的果粒状，铺在树懒的脖子下，给树懒穿上“材质”特别的牛油果绿上衣。

树懒的动作很慢很慢，小橘子做成的印章还在手上举着，迟迟不落下，让人看着干着急。

在准备早餐的过程中，我觉得自己就像这只慢悠悠的小树懒一样，没有繁忙工作的烦扰，没有令人焦急的事物急需处理，将一切烦恼抛诸脑后，慢慢地享受一步一步为宝贝准备早餐的过程，听着勺子、杯子与餐盘碰撞的清脆响声，感受清晨的阳光洒在身上的融融暖意。

一切都是那么的美好，那么的简单。

我已经开始期待，当女儿醒来后，我要与她分享这份和小树懒一样慵懒的美妙。

橘子花开

橘子摆盘 + 胡萝卜汁

食材

橘子花开

橘子 / 紫薯 / 樱桃小萝卜

其他

番茄 / 胡萝卜汁

一天之中，总是有太多的事情烦扰着我们。随着年岁的增加，我们看过的风景越来越多，获得的感动却越来越少；我们品尝过的美食越来越多，真正被打动的次数却越来越少。是我们的感官随着年龄的增长而变得不再敏锐了吗？我觉得，也许是我们不再像从前那般细腻，不再有多余的时间留给自己，与自己独处，与家人相处。

快节奏生活的当下，我们更需要去用心感知自己，问自己究竟想要什么样的生活。而我也坚信，当我们愿意心无旁骛地完成一件事时，我们也会在这样的过程中，感受到其中的快乐，即使那只是一件再普通不过的小事。

与宝贝的早餐时间不仅是我们相互沟通的一段美好时光，更是让我在忙碌生活中偶尔寻得平静的一种方式。

在这样的平静中，我能听见花轻轻绽放的声音，能看见阳光在我的指尖跳跃，还能细细品尝不同食材带来的纯粹美味。

我为女儿制作了这一份简单的“橘子花”，造型并不复杂，反而更能体现其中的意境。

橘子剥去外皮后，轻轻剥开，余下底部粘连，呈花朵状盛开在盘子上。再取来另一个橘子，用刀均匀地将外皮划开四瓣，稍稍剥开，作为包裹尚未开放的花朵的花萼，内里的橘子果肉自然地团在外皮中，看起来十分可爱。

紫薯用清水煮熟后撕掉外皮，放在橘子花下方作为小片的“泥土”，滋养着小橘花。

秋天的天气较夏天更加干燥，多食用水果，可以消解秋燥。因此我又添了几片番茄，增加早餐中的维生素。

女儿已经醒来了。她好奇地打量着这幅自然随性的画面。

我期待着，她也能在美好的清晨，听见花开，沐浴阳光，发现平静中的纯粹、美好！

步　骤

01 取紫薯，煮熟后装盘；

02 取橘子剥皮，剩下同心圆的一处外皮，橘子肉掰开形成花朵形状；

03 洗净樱桃小萝卜，装饰备用；

04 洗净番茄，切成小片，装盘；

05 洗净胡萝卜，削皮，加水放入榨汁机，过滤胡萝卜渣，胡萝卜汁装杯。

做朵小花送企鹅

白吐司摆盘 + 马卡龙

食材

做朵小花送企鹅
白吐司 / 番石榴 / 寿司
紫菜

其他
马卡龙 / 草莓

Tips 制作

马卡龙含糖量较高，可用其他色彩鲜明的果蔬代替。

女儿在看完《动物世界》里企鹅生活的故事之后，又喜欢上了圆圆胖胖的企鹅。企鹅顶着雪白的肚子，披着黑色的皮毛，就像是身穿晚礼服的绅士一般，在寒风中也优雅地生活着，丝毫不受严寒的影响。

女儿好奇地问道："企鹅居住的地方那么冷，有没有花朵呢？"在千里冰封，万里雪飘的南极，白茫茫的一片大地上，怎么会有像广东一样五彩缤纷的花朵呢？女儿不由得为企鹅惋惜："企鹅生活的地方没有漂亮的花朵，好可惜！"

于是，我将女儿喜欢的小企鹅请到了宝贝的早餐，为这只胖嘟嘟的企鹅做一朵它从来没有见过的花朵。白色吐司香软可口，适合做企鹅的身体，再用寿司紫菜剪出企鹅的轮廓，一只可爱的企鹅妹妹就出现了。将粉红色的番石榴切成小片，摆出花的形状，企鹅妹妹一定非常喜欢这朵娇俏可爱的花儿。取出可爱甜美的马卡龙，搭配酸甜爽脆的草莓，就是一顿营养丰富的早餐了。

女儿醒来，发现企鹅妹妹拥有这么美丽的花朵，她也开心地笑了。

步 骤

01 取番石榴，切成花朵形状，剪出企鹅配饰备用；

02 取白吐司，剪出企鹅身体，用寿司紫菜剪出企鹅轮廓，装饰上番石榴配饰；

03 取出马卡龙，装盘；

04 洗净草莓，切半，装盘。

爬上餐桌的小螃蟹

小南瓜摆盘 + 鲜肉馄饨

食材

爬上餐桌的小螃蟹
小南瓜 / 橄榄油 / 黑胡椒 / 黑芝麻酱 / 棉花糖

其他
鲜肉馄饨 / 苹果

南瓜一般在夏末秋初成熟，成熟后的南瓜果肉呈金黄色，味道清甜。南瓜含有丰富的类胡萝卜素、果胶、氨基酸等营养，其中的果胶能调节胃肠道的吸收速率，保护胃肠道黏膜，尤其适合肠胃不好的人食用。

除了做普通的南瓜菜式，也可以发挥想象，把金黄色的南瓜做成不一样的动物形象。当我将食物作为可以随心变化的素材，根据想象中的画面，让食材不再拘泥于它原本的形态，如何运用、如何组合，完全在于自己的发挥，制作早餐这样一件普通的事也会变得充满乐趣。

将小南瓜去皮，对半切开后，挖去中间的南瓜子，刷上适量橄榄油，让南瓜表面呈光滑油亮的状态，撒上少许盐、黑胡椒。剩余的半个小南瓜不要浪费，切片后取其中几片，剪出螃蟹的钳子、脚，加上半个身体，便可以拼成一只圆圆胖胖的小螃蟹。

烤箱预热后，将南瓜放入烤箱，烤上大半个小时，直到南瓜足够软糯香甜，表面的橄榄油已完全吸收，呈半干爽的状态。在眼睛位置点上黑芝麻酱，螃蟹顿时生动活泼起来。

清凉的秋风中充溢着南瓜的清甜香气，引诱得女儿胃口大开，迫不及待地拿起一旁的勺子。

Tips 制作

南瓜简单刷些橄榄油，香烤后，能呈现南瓜原本的香气和口感；也可以加入黑胡椒、蜂蜜等调味，令味道更丰富。

步　骤

01 取一个小南瓜，蒸熟，做成螃蟹身体形状，剪出螃蟹的蟹钳和蟹脚；

02 取棉花糖，装饰出螃蟹吐出的白沫；在螃蟹眼睛位置点黑芝麻酱；

03 做鲜肉馄饨：取新鲜瘦肉，剁碎后加入盐、香油腌制，用馄饨皮包好，烧开水煮熟，装盘；

04 洗净苹果，装盘。

红红火火中国龙

石榴籽摆盘 + 栗子粥

食材

红红火火中国龙
石榴 / 鸡蛋 / 寿司紫菜 / 胡萝卜

其他
栗子粥 / 鸡翅 / 火腿片

女儿放学回来不解地问我，为什么她从没见过课本里说的“金黄色的秋天”。我想了想，的确，在现代社会，生活在都市中的孩子很少有机会接近田野，也看不见秋收的场景，感受不到收获大片大片稻谷的喜悦。何况我们生活在四季常青的南方，颜色变化更是细微。我和女儿说，明天妈咪用一种神秘水果让你体验体验不一样的秋天。

红艳艳的石榴含有颗粒饱满的小石榴籽，酸甜可口的石榴成熟于每年的9~10月份。石榴籽所含的维生素C比苹果和梨都要高，营养非常丰富。

Tips 制作

1 石榴的酸甜口感很讨小孩子欢喜，但是作为早餐，不足以为孩子提供充足的能量，应适当搭配粥、火腿片等能带来饱腹感的食物。

2 取一段细棉线，可将鸡蛋割成两半。

女儿每次吃着脆脆的石榴籽，都说喜欢它娇艳的颜色。红亮的石榴籽像一把火苗，如丰收一般令人欣喜，点亮色彩暗淡的秋季。

准备早餐的过程并不复杂，只是剥石榴的过程稍微有些烦琐。将石榴掰开，把外皮轻薄、酸甜多汁的石榴籽一颗一颗剥下来，是一个很考验耐心的过程。我沐浴在晨光中，小声地哼着调子，想象着女儿期待的表情，再烦琐的工序也变得愉快了。

红色的石榴籽和什么画面最搭呢？我想了想，把石榴籽铺在盘子上，用勺子轻轻摆弄调整，一条鲜红可爱的龙的雏形便出现了。将水煮蛋切成两半，摆作龙圆滚滚的眼睛；剪开寿司紫菜，为它补上长长的龙须和龙爪，一条生动形象的龙就完成了。

秋天的早餐还需热乎的食物为一早上的热量加持。板栗在这个时节吃最为甜糯，与大米同煮，板栗与米被煮得又软又香，再煎上宝贝爱吃的火腿和鸡翅，让宝贝吃得更香。

步　骤

01 取鸡蛋，开水煮熟，切成两半，备用；

02 取石榴籽，摆拼成龙的形状，用寿司紫菜剪出龙爪和龙须，取半个水煮蛋作龙的眼睛；切一小长条胡萝卜片作龙的嘴巴；

03 取火腿片、鸡翅，煎熟摆盘，放入半个水煮蛋；

04 做栗子粥：洗净栗子、大米，一起放进电饭煲里，加水煮好，保温焖20分钟。

熊猫不高兴

雪梨摆盘 + 玉米面条

食材

熊猫不高兴
雪梨 / 黄瓜 / 寿司紫菜

玉米面条
面条 / 玉米粒 / 盐花

其他
牛奶

我所遵循的“不时不食”，其实不仅意味着吃时令食物这么简单。我们不单要从食材的选择上遵从季节的变化，还要注意其含有的营养，在不同的季节用不同的食材为身体滋补，保证食材能恰好应对不同季节的气候，让我们的身体保持健康、舒适的状态。

每年的秋季，9~10 月份，是雪梨成熟的季节。这种水果味甘性寒，有生津润燥、清热化痰的功效，特别适合秋天食用。雪梨果肉嫩白如雪，味道清甜。一口咬下去，清甜的汁水一拥而入，秋季干燥的感觉似乎随着这一口滋润而消解了。

Tips 制作

1. 雪梨偏寒，且含果酸较多，不宜多食用，同时注意不宜与碱性的食物同食。
2. 清晨的早餐尤其需要注意食物的冷热搭配，可以用一碗热的面食暖和整个身体。

将雪梨切成片，雪白的果肉呈半透明状，用“晶莹剔透”一词来形容再合适不过。

水润新鲜的果肉莫名让人联想到毛绒可爱的国宝——熊猫。于是，我将一块面积较小的雪梨片作为熊猫的脑袋，另一块比头部大了一圈的雪梨片削成椭圆状，作为熊猫的身体。

取来寿司紫菜，剪出熊猫的眼睛、耳朵、四肢，轻轻贴在雪梨上，一只灵巧的熊猫便活跃在餐盘上。

黄瓜切成片，贴在餐盘上，从深绿色的黄瓜皮，到淡绿的黄瓜囊，不恰恰是我们现实中常见的竹子吗？

再煮一碗热腾腾的玉米面条，为女儿的清晨提供充足的能量。

一盘充满巧思、充盈爱意的美妙早餐，不仅仅滋养我们的胃口，同时也令我们在潜意识中，对美好生活有所期待，有所向往。

步　骤

01 取雪梨，削皮后切成薄片，做熊猫的身体和头部，用寿司紫菜剪出熊猫的眉毛、眼睛、鼻子、胡须、耳朵、手和脚；

02 取黄瓜，削成长薄片，装盘；黄瓜皮剪成枝叶装饰；

03 烧开水后放入面条，煮熟捞起，加入玉米粒和盐花，装盘；

04 取出牛奶，装杯。

小鲸鱼想吃炒饭

牛油果摆盘 + 蛋炒饭

食材

小鲸鱼想吃炒饭
牛油果 / 奶酪片

其他
蛋炒饭 / 白切鸡

女儿小小的脑袋里总是有十万个为什么：企鹅为什么不会飞？鲸鱼长什么样子？棕熊和大熊猫是不是亲戚呢？数不胜数的问题十分天真而富有童趣，而我总是不忍心打破她这份对世界的好奇心。

漫天黄叶被秋风卷起，又顺着秋风落下。近日来的温度愈来愈低，这

Tips 制作

如果觉得吃翻炒的米饭容易上火，可以做蛋拌饭。在米饭刚煮好的时候，迅速打入蛋液、酱油、油搅拌，焖上3~4分钟，盛出时撒上葱花。

天早晨，我做了一份热腾腾的蛋炒饭，加上几块香软的白切鸡，白嫩的鸡肉与香软的米饭能让女儿在这稍凉的秋意中保持温暖。

已经成熟的牛油果外皮呈黑褐色，还闪着温柔的光芒，就好像一只胖乎乎的小鲸鱼。我想起女儿总是问我鲸鱼的故事，于是我将牛油果削去一小半，做成一只胖乎乎的小鲸鱼，这只小鲸鱼目不转睛地看着那一碗炒饭，似乎被炒饭的香味牢牢地吸引住了。两条奶酪做成的小鱼儿路过，看见小鲸鱼馋嘴发呆的样子，也不由得停下来笑这只可爱的小鲸鱼。

铺上白蓝色的海浪餐布，细密的浪花拍打着小鲸鱼的盘子，这只小鲸鱼更像是在深海里自由地遨游了。

步　骤

01 取一个牛油果，切半，一半做出鲸鱼身体，另一半切片做出海浪的形状，用牛油果壳剪出鲸鱼尾鳍和背鳍；

02 取奶酪片，剪成鲸鱼的眼睛和小鱼儿；

03 做白切鸡：取出鸡肉，用盐花和香油腌制，蒸熟后切开，撒上葱花备用；

04 做蛋炒饭：取一个鸡蛋，打成蛋液，倒入烧热的锅中翻炒，加入米饭，拌炒均匀后加入酱油和盐，放上白切鸡。

阳光般的柚子花

红肉西柚摆盘 + 萝卜鸭汤面

食材

阳光般的柚子花
红肉西柚

萝卜鸭汤面
鸭肉 / 枸杞 / 陈皮 / 姜片 / 面条 / 萝卜

柚子是属于秋天的水果，每每入秋，浅黄色的柚子便圆碌碌地挂上柚子树的枝头，散发出阵阵清香。而在花好月圆的中秋节里，在对月会友、家人团聚之时，南方人的餐桌上除了甜蜜的月饼，还一定会有汁水饱满的柚子，清香的果肉酸甜可口，既能中和聚餐时口味厚重的餐食，又能解解吃下甜腻月饼的腻味。

柚子的味道清甜，略带苦味和酸味，含有丰富的维生素 C 及大量的营养素，有健胃、润肺、清肠等作用。秋季食用柚子，不但可以补充营养，还可以消除秋燥。孩子们如果不喜欢吃微酸微苦的柚子果肉，可以将果肉拆成粒，与芒果、西米、椰汁等做成一道经典香甜的广式甜品——杨枝甘露。

适逢柚子上市，新鲜的柚子果肉饱满，汁水丰富。女儿也爱吃甜柚，我选择了一个别致的红肉西柚为她准备这顿早餐。半透明的橘红色果肉晶莹剔透，清新可爱。

剥柚子讲究一点方法和技巧，先用刀子在外皮上自顶端向底部划上几道，沿着划痕小心地、一点一点地将果肉和柚子皮分离。把柚子果肉剥离出来后，剩余的柚子皮就像花瓣一样摊在桌子上。柚子的外皮会有些苦味，还需要细心地将外皮层层撕掉，最后露出半透明的果肉就可以了。

剥好几瓣柚子果肉，将果粒拆出来，用饱满水润的果肉在盘子上围成圆圈，并逐渐往上堆叠，渐渐有了如同玫瑰一样立体而生动的形状。再加上几

支清水洗净的枝叶，两朵温暖的花朵盛开在盘子上。

鸭肉性凉，肉又香又有劲道，与鲜嫩的白萝卜一同炖煮，萝卜吸饱了鸭肉和酱汁的汁水，鸭肉软烂而香嫩。搭配爽滑可口的面条，是清晨里抚慰空空如也的胃最好的食物。

女儿说她觉得这柚子花的颜色十分好看，因为柔和、热烈，却不过分刺眼的橘红色，就像今日早晨阳光的颜色。我觉得，女儿说话时的笑容，也如同这柚子花一般，充满活力。

步　骤

01 取红肉西柚，剥皮，取出红肉，摆成柚子花的形状，加上干净叶子装饰；

02 鸭肉切块，焯水；枸杞和陈皮用开水浸泡一下；白萝卜去皮切块，备用；

03 鸭肉加姜片、枸杞、陈皮，放入炖锅，加 5 碗水，大火煮沸，撇去浮沫，转小火慢炖 90 分钟。加萝卜，再炖半小时，起锅后加盐调味；

04 烧开水加入面条，煮熟后捞起，倒入萝卜鸭汤。

小海星来做客

石榴籽摆盘 + 小球藻面

食材

小海星来做客
石榴 / 奶酪片

其他
小球藻面 / 香煎猪排

沐浴着清晨的阳光，为宝贝准备早餐的时光仿佛慢了下来。时钟滴答的声音，小鸟在枝头欢快的歌声，陪着我在这个美好的早晨等待女儿醒来。准备早餐是一个让人享受的过程。不仅因为是带着爱的感情制作一顿早餐，更因为这过程能让人静下心来，倾听食物与生活的声音。

这天早晨，女儿早早就醒了。她敲着我房间的门，兴致勃勃地催着我起床，“妈咪，让我和你一起做早餐吧。”女儿甜甜地笑着，拉着我的手，向我撒娇道。女儿的要求我怎么舍得拒绝呢，于是今天的早餐便由我与女儿一同准备。

我取来一个石榴，用刀子轻轻划开几道，还未拨开外皮，女儿已经急急地探着手："我想剥石榴。"我护着女儿的双手，领着她剥开石榴的外皮，石榴晶莹剔透的果粒展露在我们眼前，清新的石榴清香跳跃在鼻尖。

"好漂亮！"女儿惊叹着，迫不及待地拿起一粒饱满的石榴籽放入嘴里。石榴酸甜清爽的滋味让她幸福得咂小嘴。

一粒一粒的石榴籽被女儿铺在盘子上，摆成一颗五角星的形状。"我是从深海里来的小海星。"女儿可爱地为它做自我介绍。

女儿想吃我煮的面条，于是我煮了一碗小球藻面，煎上几块香喷喷的猪排，撒上些许黑胡椒、细盐，一份简单的主食就完成了。

宝贝的早餐，不仅可以是妈妈做给宝贝的早餐，还可以是妈妈与宝贝一同准备的早餐。在与锅碗瓢盆的相处中，与柴米油盐打交道的过程，食物的滋味和食材的来之不易能更容易被孩子体会感悟。

步　骤

01 取石榴籽，摆拼成海星形状，用奶酪片剪出海星的眼睛和嘴巴；

02 烧开热水加入小球藻面，煮熟后捞起，装盘；

03 做香煎猪排：取一块猪排，加入细盐、黑胡椒、香油腌制，放入烧开的平底锅煎，煎熟后切开，放在小球藻面上。

卖萌的小狮子

吐司肉松摆盘 + 小球藻面

食材

卖萌的小狮子
白吐司 / 寿司紫菜 / 肉松

其他
小球藻面 / 番茄炒蛋 / 金橘 / 桑葚 / 番茄 / 橙汁

松软咸香的肉松是女儿非常爱吃的美味，有时候，我在小面包中加上一点肉松，她就会吃得特别开心。所以，如果孩子偶尔出现胃口不太好的情况，不妨在食物中添上一点他们平日爱吃的东西，食物就会变得有吸引力一些。

这一天的早餐，我选择了新鲜可口的番茄，与细细的猪肉末一同做成酸甜的番茄酱，搭配爽滑的小球藻面，作为今天的主食，美味又开胃。

没想到，这一碗清淡简单的面食，吸引了一只毛茸茸的小狮子。它盯着面条，好奇地歪着头，一副跃跃欲试的模样。小狮子身上用肉松做成的绒毛一抖一抖的，十分可爱。

女儿看着这只“不请自来”的小狮子，嘟着嘴说道：“它在卖萌，想讨我的面来吃。”说罢，女儿又无奈地笑着说：“好吧好吧，看在你那么可爱的份上，就分你一点点吧！”

在女儿单纯的眼中，无论看什么事物，有生命力的或是没有生命力的，都能幻化出可爱的故事。

步　骤

01 取白吐司，剪出狮子的形状，取肉松撒在身体处，留空狮子脸庞，用寿司紫菜剪出眼睛和嘴巴；

02 烧开水后放入小球藻面，煮熟后捞起，装盘；

03 番茄丁、洋葱、鸡蛋炒出一份番茄炒蛋，放在小球藻面上；

04 洗净金橘、桑葚，和番茄一起装盘；

05 取出橙汁，装杯。

想吃竹子的小黑熊

乌米饭摆盘 + 水果酸奶

食材

想吃竹子的小黑熊
乌米饭 / 奶酪片 / 芦笋 / 鹅肝

其他
石榴 / 水果酸奶

女儿在去过苏杭旅游之后，一直念念不忘乌米饭那清淡却奇妙的味道。乌米饭色泽黝黑发亮，吃起来却是格外的清甜。制作乌米使用的乌叶汁“色青而光”。在道家看来，“青”是东方的颜色，与春天相呼应。在《本草纲目》中，还有记载这样的功效：“久服，轻身明目，黑发驻颜。”

为女儿做一碗粒粒分明、饱满而有光泽的乌米饭作为早餐，带来充沛的能量，再合适不过。江苏一带的美食家常将乌米捏成小团，或是用模具盖出花朵的形状，让这其貌不扬的乌米饭也变得精巧起来。

于是我找来一个干净的、小熊形状的模具，将乌米饭团塞入模具，在盘子上一放，便出现了一只浑身乌黑的小黑熊。

小黑熊有雪亮的眼睛，鼻子泛着亮光。它摇摇晃晃地在林中游玩着，忽然发现森林里夹杂着两株翠绿的竹子。兴高采烈的它加快步伐，想要一尝青嫩的竹子。

女儿调皮地捡起盘子里作为“竹子”的芦笋，逗着小黑熊：“哈哈，竹子被我吃掉了呢！”

步　骤

01 取煮熟的乌米饭，捏成乌米饭团，做出小黑熊的形状，用奶酪片剪出黑熊的鼻子、眼睛；

02 取鹅肝，香煎熟后，装盘；

03 取芦笋，白灼熟后，装盘；

04 取石榴，掰开两半，装盘；

05 做水果酸奶：取出酸奶，装杯，放入水果。

便当盒里的小伙伴

火腿饭团便当

食材

便当盒里的小伙伴
米饭／寿司紫菜／胡萝卜／火腿／虾／生菜沙拉

女儿对便当的热情，有时让我觉得非常可爱而又有点惊讶。她像想要探知解谜游戏的谜底一样，迫不及待地来到厨房，这里瞧瞧，那里看看，不时地发问："妈咪，今天准备的是什么便当啊？"

在女儿上学的时候，我有时会给她准备一份加餐便当补充营养。基于便当盒的魔力，我特意加入了一些平时女儿没有青睐过的蔬果。果不其然，女儿并没有将这些小菜遗漏在便当盒内，而是像享受她偏爱的蔬菜一样"解决"掉了。我想，便当对于孩子们来说，也许真的存在一种礼物般的魅力。每一次打开便当盒之前，他们心中就会燃起小小的期待：今天会是什么样的美味呢？有时候孩子们期待一款便当，不仅是期待其中的味道，也是乐于感受这种吃饭的形式。

这天早上，我给女儿用软糯的饭团做了两个小伙伴，配上香煎的火腿和清甜的基围虾，用生菜沙拉中和口感与味道，让宝贝在吃得饱的同时也能吃得健康。这样色泽明亮丰富的便当给女儿带去学校，一定能让她在疲惫的学习中感受食物的抚慰。

四季悄悄地变化，时间不经意间流走，随着岁时变化的食材也在女儿的便当盒中逐渐变化。让女儿在每一次打开便当盒时都能感受当季独特的饮食风味，也是带领她认知时令物语的方式之一。

步　骤

01 取煮熟的米饭，捏成饭团，做两个小伙伴的头部，浇上寿司醋，用寿司紫菜、胡萝卜分别剪出眼睛、嘴巴、腮红；

02 取火腿、虾，炒熟后装盘；

03 做生菜沙拉：洗净生菜，加入沙拉酱。

你好，笑脸牛

肉末炒饭 + 橙汁

食材

你好，笑脸牛

瘦肉 / 米饭 / 生粉 / 酱油 / 姜末 / 寿司紫菜 / 橘子 / 四季豆

其他

橙汁

所谓“精致生活”，并不是意味着我们必须在生活的每一分每一秒，都用尽全力做到与众不同、别致优雅。实际上，愈是简单的事物才愈是能体现它的精致与美妙，就像我们往往能从一件平常小事观察出他人的品德修养，生活的道理亦是如此。

今天的早餐，不如就准备一道简单而有营养的肉末炒饭吧。

将瘦肉剁碎，加入生粉、酱油、姜末，腌制约10分钟，让肉末更加入味。把肉末倒入热好的锅中，炒至肉末香味溢出而颜色变成淡淡的棕色，此时

Tips 制作

炒饭起锅前，加入少许酱油，饭粒翻炒成浅褐色，看起来更像牛的毛色。

再倒入米饭继续翻炒。炒饭时，放入少许的砂糖，能令炒饭更香甜，味道更有层次。一碗炒饭能做到颗粒分明，而且盘底没有过多的油水，便是绝佳的美味。

制作肉末炒饭并不难，然而，把这一道简单的早餐化为有趣的画面，便是我们发掘出的隐藏在寻常生活中的一种乐趣。

将炒好的肉末炒饭用大汤勺舀起，仔细在盘子上堆出一个椭圆状。更换小汤勺，为椭圆加上 4 个角，便是牛的犄角、耳朵。小心调整牛脸的边缘，呈现出顺滑的弧度。

最后，取来紫菜，添上牛笑弯的眼睛、嘴巴。

亲爱的女儿，愿你每天能如这只“笑脸牛”一般，每时每刻都能微笑面对生活，发现日常生活中点滴的美妙。

步　骤

01 洗净瘦肉后剁碎，加入生粉、酱油、姜末，腌制 10 分钟，放入烧热的锅中翻炒，炒熟后加入米饭，拌炒均匀，备用；

02 用肉末炒饭摆拼出笑脸牛的头部形状，用寿司紫菜剪出眼睛和嘴巴；

03 取四季豆，白灼后摆盘；

04 取橘子，剥皮，掰开，装饰摆盘；

05 取橙汁，装杯。

万圣节南瓜

小南瓜摆盘 + 橙汁

食材

万圣节南瓜
肉末炒饭 / 小南瓜 / 黑芝麻酱 / 蓝莓 / 石榴 / 迷迭香

其他
橙汁

在欧美国家，万圣节是一个极富童趣的传统节日。无论大人，还是孩子，都可以打扮成各种古怪有趣的模样，可以是电影、动画片里的角色，也可以是传说里的鬼怪造型。万圣节的晚上，打扮成各种形象的孩子会挨家挨户地敲门，扬着可爱的脸庞，问“Trick or treat”（不给糖就捣蛋）。而大人们总会提前准备好各式各样的糖果，分给每一个敲门的“小鬼”。这是多么温柔而可爱的节日啊！

我们总希望孩子能被世界温柔相待，能怀着同样的温柔成长。在孩子成长的过程中，不妨让他们多从各种各样新鲜与欢乐的节日中感受世界的美好与人生的乐趣。虽然在中国并没有过万圣节的传统，但我觉得搞怪又可爱的万圣节非常适合古灵精怪的小朋友，于是我将女儿带入了有趣的万圣节早餐中。

将一个巴掌大的小南瓜隔水蒸熟，用刀去除顶部的瓜蒂，挖掉中间的南瓜子，让整个小南瓜变成一个中空的器皿。在南瓜的外皮轻轻刮出眼睛和嘴巴轮廓，填上黑芝麻酱，便是一个可爱的万圣节小南瓜了。用这个小南瓜装新鲜出炉的肉末炒饭，咸香的肉末糅合颗粒分明、油而不腻的饭粒，再加上南瓜所独有的阵阵清香，肉末炒饭摇身一变，成为万圣节限定炒饭，美味而又独特。

万圣节不能少了糖果。因此我又摆上圆滚的蓝莓和晶莹的石榴，代替了甜腻的糖果，能为女儿补充丰富的维生素，又能化解炒饭的油腻。

再搭配一杯酸甜可口的橙汁，这一顿充满万圣节气息的早餐就完成了。

女儿啊，我希望你在探寻世界的路上，能一直保持这样温暖而柔软的心。

步　骤

01 做肉末炒饭：洗净瘦肉后剁碎，加入生粉、酱油、姜末，腌制 10 分钟，放入烧热的锅中翻炒，炒熟后加入米饭，拌炒均匀，备用；

02 取一个小南瓜，蒸熟后，从南瓜顶部切去一块，挖成空心形状，放入肉末炒饭；

03 洗净石榴籽、蓝莓粒和迷迭香，摆盘装饰；

04 取橙汁，装杯。

寿司饭团组

寿司饭团摆盘 + 蜂蜜柠檬水

食材

寿司饭团组
米饭 / 寿司紫菜 / 肉松 / 西蓝花 / 三文鱼

其他
蜂蜜柠檬水

任何食材都是大自然予以我们的慷慨馈赠，应季的食物是当季天地精华、万物灵气的凝结，秋天漫山红遍的橘子，春天雨后新出的嫩笋……这些都是大自然的“时间表”。不时不食，即应时令、季节选择食材，这是我在平日对食材的选择上一直遵守的准则。在为女儿准备宝贝早餐之时，我也会贴合当时的天气、时节，选择新鲜、适宜的食材。

正值秋季，是三文鱼最肥美的时节。此时的三文鱼逆流而上，顺着水

步 骤

01 取煮熟的米饭，捏成饭团作猫咪的头部，用寿司紫菜剪出猫咪嘴巴、眼睛和胡子；

02 用米饭包裹肉松，卷成寿司卷，压成心形，切开后蘸上酱油；

03 取三文鱼块，抹上粗盐，烘烤熟后装盘；

04 洗净西蓝花，白灼熟后，装盘；

05 做蜂蜜柠檬水：取蜂蜜，用温水冲开，加入一片柠檬。

道洄游产卵，它们身上蓄积了大量的鱼油，肉质紧实鲜美，味道丰富，含有大量优质蛋白和不饱和脂肪酸，其中的 DHA、EPA 对孩子脑神经细胞、视力的发育颇有裨益。作为早餐的营养主角，三文鱼再合适不过。

切一片厚厚的三文鱼肉，拭擦干净鱼肉上的水分，接着在鱼肉上均匀抹上粗盐。待粗盐融化，被鱼肉吸收后，放入烤箱，烘烤至外表油润金黄，内里带有柔和的浅粉色就可以了。

用煮好的米饭包裹住香喷喷的肉松，用寿司竹帘卷裹好，整理捏成心形的寿司卷后，切成小块，与香烤三文鱼一起组成一道日式早餐，在秋风习习的早晨享用再合适不过了。搭配的盘子上有朵朵可爱的小花、绿叶，宛如一片茂盛而浪漫的花园。白色的小猫在花丛中探出头，一副怡然自得

Tips 制作

1 米饭卷成寿司卷后先别切开，放入特别的模具中压出形状后再切，就能得到外形特别的寿司卷了。

2 三文鱼块香烤至呈粉红色，也可根据孩子的口味选择不同的成熟度。

的样子。这种洁白与暗蓝的色调，清新的图案恰似日式少女的和服，与今早的食物搭配十分相宜。

白灼熟的西蓝花富含蛋白质、维生素和胡萝卜素等营养成分，均衡早餐营养的同时，青翠的绿色还能调和画面的颜色，为这片活泼的花园添一些绿意。

秋季容易上火，早晨不妨给女儿准备一杯滋润的蜂蜜柠檬水，可以清润喉咙。

我端起蜂蜜柠檬水，甘甜中带有清爽的酸，我细细地品味，等待女儿来到餐桌旁，与我分享美味的早餐。

冬

幸福的团聚

岁末的寒气逐渐逼近，生活在冰雪罕见的广东，难以体会雪花带来的冬天的气息，却也从温度计上一点点下降的温度感觉到：冬天真的来了。

冬季的到来，不仅意味着秋高气爽的秋季向寒风萧瑟的冬季变化，还意味着许多团圆节日的临近，元旦，冬至，还有春节。在外忙碌的游子，异地求学的学生，匆忙分离的爱人，在这 300 多天的离别中，每一分每一秒都在盼望着，盼望着冬天的脚步，盼望着难得的相聚。这一年，我们有太多的牵挂，有时候是你牵挂别人，牵挂远方的朋友，牵挂家乡的父母，牵挂可爱的孩子。有时候是你被别人牵挂，回家前接到的一个个嘱咐的电话，饭桌上可口的家常菜肴，深夜里静静地为你留的一盏灯……

一直觉得冬季对于我们来说，是感情上最温暖的时节。正如女儿所说，我们像勤劳的小鼹鼠奔波了一整年，终于在新旧交替的岁末中得到一段小小的休憩。最好的时光我们总想留给家人，最惬意的陪伴总是来自家庭。冬天的团聚就像一把爱的火苗，寒风愈是凛冽，它就愈是蓬勃。

属于冬天的美味也让人感觉格外“热乎”，热气腾腾的火锅，热乎乎的炖菜。在冬天，我们从食物中摄取的热量也要比其他季节来的多一些。为了能让女儿从一顿美味的早餐开始，一整天身体都暖暖的，我会比较注意宝贝早餐的能量和食物的温度，食材的选择和做法都是与其他季节不同的。在这个基础上对食材进行创意变换，宝贝能吃得既开心又温暖。

每日变换的早餐，寻常而独特的美味，伴随着清晨开始的欢声笑语，就是我和宝贝专属的幸福团聚。

松树雪中傲立

猕猴桃摆盘 + 火腿面条

食材

松树雪中傲立
猕猴桃 / 寿司紫菜 / 迷迭香

其他
火腿 / 面条

气温随着冬季的到来逐日下降，白昼的时间似乎变短了，让人不免在难得悠闲的午后惋惜，大好时光又要被静谧的夜幕遮盖了。女儿看的童书中，对冬天的描述几乎都是萧瑟寒冷：放眼望去，白茫茫的一片雪；黄叶随着北风缓缓起舞，渐渐远离所依的枝头。大雪压城，孩子们还能通过依稀的脚印展开一段故事想象……可是作为南方的孩子，女儿很少见过下雪的冬天，葱绿的植物在我们这个被太阳眷顾的地区总随处可见。

女儿读着书本上描述的白雪茫茫，总是期待着去北方看雪，想象那是一幅如何纯净、简单的画面。

那不仅仅是对外出游玩的一种期待，更是对未知风景、未知目的地的向往。大概，在我们的生活中，必定要有这么一种期待，期待着美妙，期待着未知。

这个早晨，我用一片一片的猕猴桃，为女儿独家绘制了这样一幅奇妙的风景：在一片白茫茫的雪地上，长着一棵挺拔、生机勃勃的松树。

猕猴桃对半切开后，内里的花纹十分特别，一圈黑色的籽围绕着泛着白的果心，恰似松树枝叶生长的形状。剪了寿司紫菜作为挺拔的树干，再将猕猴桃切成片，铺在枝干上，便是一棵茂盛的松树了。雪白的盘子恰似白皑皑的雪地，青葱的松树在其中傲然挺立。

女儿看着这棵松树，好奇地问道："松树在冬天怎么不会落叶呢？"

我笑着给女儿说起在寒冬依然挺立生长的松、竹、梅三位"岁寒三友"的故事。

步　骤

01 用寿司紫菜剪出松树树干形状；

02 取出猕猴桃，去皮后切成片，做成松树叶子；

03 烧开水放入面条，煮熟后捞起；

04 取火腿片，香煎熟后，放在面条上。

能量满满的小熊汉堡

牛肉汉堡摆盘 + 苹果汁

食材

能量满满的小熊汉堡
汉堡包 / 牛肉 / 寿司紫菜 / 沙拉酱 / 番茄 / 生菜 / 海虾 / 土豆

其他
苹果汁

小孩子都爱吃口味丰富的汉堡，一口咬下胖嘟嘟的汉堡，蔬菜、肉饼、果酱等食物在口中融合，满嘴的幸福感。以前女儿也很爱吃快餐店里面的汉堡，于是我就在家自己尝试着做给女儿吃，精心加入了女儿爱吃的蔬菜和牛肉。女儿吃了我做给她的专属汉堡后，大呼再也不吃别的汉堡了，只吃妈咪做的小熊汉堡！

将煮熟的土豆去皮，压碎成泥，稍微灼熟的虾剥去头部和虾壳，但要留下虾尾部的壳。用土豆泥裹住虾的上半部分，入锅小火香炸，加入适量细盐、黄油和胡椒粉调味，土豆泥炸虾就完成了。

准备好一些剁碎的牛肉，将牛肉碎压制成饼，放入锅中煎至熟透，按女儿平时的口味对肉饼进行调味。取出两块汉堡包，放入微波炉稍微加热至松软可口。用小圆面包和番茄酱做出小熊的嘴巴，寿司紫菜剪出小熊黑亮亮的眼睛。将煎好的牛肉饼与生菜、番茄层层交叠，放在汉堡包里，涂上适量的沙拉酱。如果孩子平时爱吃其他的酱料也可以替换。这样，一只可爱的小熊汉堡就在女儿的餐盘上等待着她啦！

厚实美味的汉堡、香甜的土豆泥包虾，再添上一杯苹果汁，这组合看似简单，味道却非常丰富，既有蔬果的清爽，也有肉类和海鲜的香甜，能为女儿在冬季的早晨提供满满的能量和活力。女儿说自己好像坐在热辣辣的夏威夷海岸，正在享受一顿正宗独特的汉堡大餐。

步　骤

01 取出牛肉，剁碎后压制成饼，放入锅中煎至熟透，备用；

02 洗净生菜，备用；

03 取两块汉堡包，放入微波炉加热至松软，放入番茄片、生菜、牛肉饼和酱料；

04 土豆洗净，去皮切薄片，放入小汤锅中，加入适量清水，水量以刚好盖住土豆为准，先开大火煮开，再转小火煮到土豆熟透；

05 土豆煮好后加入盐、胡椒粉、黄油，再用勺子趁热将土豆压成泥，把土豆泥捏成圆球状；

06 取出海虾，煮熟后，剥出虾仁，放入圆球状土豆泥中，入锅小火香炸；

07 洗净番茄，切半装盘；

08 取出苹果汁，装杯。

开一家动物乐园

动物小馒头摆盘＋酸奶玉米片

食材

开一家动物乐园
动物小馒头 / 青豆 / 胡萝卜 / 棉花糖

其他
玉米片 / 酸奶 / 水煮蛋

手工美食独有的美味是机器生产无法复制的，需要时间制作和等待的食物总是非常珍贵。和面，揉面，发酵，揉团，入蒸笼……记忆中这些步骤总是由心灵手巧的母亲不紧不慢地完成，贪嘴的孩子们拥向掀开的蒸炉，氤氲的蒸汽中是松软白嫩的馒头、馅料丰富的包子……那股纯粹的麦香气久久萦绕在鼻边。拿起热腾腾的馒头一口咬下去，是童年的味道，是家的味道，是温柔的味道。

选用天然酵母、高筋面粉及白砂糖，均匀混合，加入温水搅拌，揉成光滑的面团。给面团覆盖上保鲜膜，放在温暖的地方发酵。经过 120 分钟的漫长等待，小面团会因发酵膨胀至原来的两倍。这时候需要再次加入高筋面粉来揉面，也就是不断地把面团揉圆。直到揉好的面团横切面光洁平滑，没有大气孔。

醒发好面团之后，再将其揉成长条状，切成长短均匀的长方块，最后放入蒸笼蒸制。给孩子们准备的早餐总是需要一点童趣，可以用做曲奇的模具压出不同的动物造型：憨厚的小笨象、英俊的长颈鹿、可爱的小马等。让馒头们组成的动物世界为宝贝开启欢快的一天。

传统的白色小馒头看上去恬淡可爱，但为了配合孩子们喜爱缤纷色彩的童心，可以在揉面的时候加入浅绿色的菠菜汁、淡橙色的胡萝卜汁或淡紫色的红色火龙果汁。鲜榨天然蔬果汁带来的清甜，融合淡淡的面香，不仅口味更加丰富，营养也会更加多元。

从揉面开始，女儿就在一旁安静地写作业或者看书，细细的麦香与知识一同飘进她的小脑袋。我想，在女儿长大以后，她的记忆里一定会出现此时美味与温暖交织的场景。在快节奏的当下，为了一份早餐所付出的这些时间似乎是非常奢侈的。但是，和女儿一同享受安静的手工过程，让无可替代的香气留在心中，确乎是一件简单美好的乐事。

Tips 制作

1 面粉在和成面团之前，尽量保证盛装器皿的干净、干燥。

2 揉好的面团需盖上湿布醒发，温度以 27~30℃为宜。气温较低的时候，可用温水和面。

步　骤

01 模具压出动物小馒头成品，蒸熟后装盘；

02 洗净青豆、胡萝卜，胡萝卜切成丁，炒熟后装盘；

03 取棉花糖，装饰备用；

04 取一个鸡蛋，白开水煮熟，剥壳备用；

05 取出玉米片，放入酸奶和水煮蛋。

晒太阳的小兔子

吐司瘦肉摆盘 + 水果酸奶

食材

晒太阳的小兔子
白吐司 / 寿司紫菜 / 玉米 / 胡萝卜 / 小球藻面 / 瘦肉

其他
酸奶 / 蓝莓 / 樱桃 / 草莓

鲁迅先生曾在散文《雪》中写道：“江南的雪，可是滋润美艳之至了；那是还在隐约着的青春的消息，是极壮健的处子的皮肤。雪野中有血红的宝珠山茶，白中隐青的单瓣梅花，深黄的磬口腊梅花；雪下面还有冷绿的杂草。”的确，南方的冬天不是单调的，它温柔地照顾着许多小生命。埋在雪下的绿芽等待融雪，好在春天发芽长大；红艳艳的腊梅等待一个极好的晴天……

这日，在接连下了几天湿冷的小雨后，终于迎来了一个难得的晴天，温柔的阳光早早便在窗外等待着，稍稍驱散了冬天的寒气。

我和女儿邀请了小兔子出门，好好晒一晒太阳，让身体暖和起来。

毛茸茸的小兔子坐在小球藻面堆成的草地上，懒洋洋地任由阳光均匀铺满它的身体。用清水煮熟小球藻面，撒上少许的盐、黑胡椒等调味。再炒了一些香喷喷的瘦肉末，均衡早餐的营养，为清淡的早餐增添一点味道。

小兔子动动小脚，弯弯耳朵，感觉自己全身上下每一个毛孔都被阳光幸福地包围着，身上的白色绒毛也似乎被晒成了温柔的黄色。

“我和小兔子一样，也喜欢晒太阳呢！”女儿一边吃着早餐一边感叹道。

步　骤

01 取白吐司，剪出小兔子形状，用寿司紫菜剪出小兔子眼睛和嘴巴，用胡萝卜剪出腮红；

02 取瘦肉，剁碎后加入酱油、香油腌制，炒熟后装盘；

03 烧开水后放入小球藻面，煮熟捞起，装盘；

04 取一根玉米，蒸熟后切成小段，装饰备用；

05 取一根胡萝卜，蒸熟后切开备用；

06 用胡萝卜馒头和胡萝卜条做出太阳和阳光的形状；

07 取酸奶装杯，放入洗净的蓝莓、樱桃和草莓。

龙猫爱意面

意大利面摆盘 + 橙汁

食材

龙猫爱意面
意大利面 / 番茄 / 洋葱 / 蒜蓉 / 肉末 / 番茄酱 / 胡椒粉 / 牛油果 / 奶酪片

其他
橙汁

牛油果又被称为“森林之果”，是一种营养价值很高的水果，富含维生素、蛋白质和各种微量元素，其含有的酶还能调理肠胃。尚未切开的牛油果外壳坚硬，一旦切开，却会发现，它的果肉绵密柔滑。尝一口嫩绿色的果肉，就会被它丰富的口感所吸引。柔滑的果肉中，带有特别的香气，每一口都如同咬开黄油般滑腻而柔嫩。

冬季的番茄依然红得明艳，红得格外亮眼。在气候温润的广东，蔬菜几乎是不怎么断季的，一年四季的蔬菜种类都大致相同，尤其是番茄这类蔬菜永远如同“小灯笼”一般挂在绿油油的菜丛中。女儿爱吃酸酸甜甜的小番茄。这次我选择了个头比较小、番茄味儿非常浓郁的小番茄给女儿做一碗番茄肉酱面。

小番茄去皮切成小瓣，新鲜猪肉剁成细细的肉末。将意大利面用清水煮至八成熟，倒入平底油锅中，加入切好的小番茄和肉末，放入适量的番

茄酱和胡椒粉，搅拌均匀，直至每一根意大利面都被红红的番茄上色。

将牛油果的果肉捣成柔滑的果泥，用勺子调整出女儿最喜欢的小龙猫形状，配上咸香可口的奶酪片，再来一杯橙汁，一顿口味丰富的早餐就完成了。

步　骤

01 取一颗牛油果，剥壳后切成两半，取其中一半做龙猫身体，用果壳剪出胡须、手脚和耳朵，用奶酪片剪出龙猫肚子形状；

02 洗净番茄，切一片做龙猫的气球，另外的番茄切丁，备用；

03 锅里煮开水，放进意大利面，呈发散状，用筷子打圈搅拌，煮8分钟左右，煮好捞起，沥水，放入橄榄油拌匀打散，装盘备用；

04 切肉末，放少许盐、料酒和淀粉拌匀，备用；

05 把锅烧热，放小块黄油，放入洋葱末、蒜薹段、肉末炒熟；放入番茄丁，炒至出沙；

06 将意面放进锅里拌匀，撒一点点胡椒粉出锅装盘；

07 取出橙汁，装杯。

绽放的梅花树

石榴籽摆盘 + 番茄肉酱意面

食材

绽放的梅花树
石榴 / 黑芝麻酱

其他
番茄肉酱意面 / 煎蛋 /
芦笋

和喜爱梅花的女儿一样，我一向对凌寒绽放的花朵怀有难以言说的好感。严寒中开百花之先，独天下而春的梅花，总是给人以迎难而上、愈战愈勇的鼓励，在冬季里犹如一把熊熊火焰点燃心中的信念。

因此每到冬天，我总爱给女儿做梅花为主题的早餐。

石榴的营养价值很高，富含丰富的蛋白质、维生素，以及钙、磷、钾等矿物质，可以补充人体缺失的微量元素。丰富的花青素、石榴多酚还能帮助身体抗氧化，也是现在女性喜爱的美容食品。

剥开石榴的外皮，内里盈满的红色果粒如同红宝石一样，晶莹剔透。将几粒紫红的石榴籽排在雪白的盘子上，圈成一朵小巧玲珑的花。用黑芝麻酱画成的树干疏密有致，有着中国水墨画的别样韵味。将石榴籽送入口中，酸甜的汁水在舌尖迸发，带来清爽无穷的滋味。

作为主食，今天我为女儿准备的是一碗酸甜的番茄肉酱意面，与石榴籽的酸度搭配相衬。肉酱意面是一道经典的意粉菜式，用新鲜的番茄和猪肉熬煮成酱汁，铺到煮熟的意面上即可。为了保持番茄原本的口感，我并没有将番茄熬煮得太烂，反而能保留番茄更原始的味道。最后在意面中添上两片嫩绿的芦笋，平衡画面的色彩。

新绿的嫩笋，明艳动人的梅花树，静静地在餐桌前等候着宝贝的到来。

步　骤

01 取石榴籽，摆拼成一朵朵梅花形状，用牙签蘸上黑芝麻酱，画出梅花树树干；

02 做番茄肉酱意面：锅里煮开水，竖立放进意大利面，呈发散状，用筷子打圈搅拌，煮8分钟左右，捞起沥水，放入橄榄油拌匀打散，装盘备用；切肉末，放少许盐、料酒和淀粉拌匀，洋葱和蒜切碎，番茄去皮切丁；把锅烧热，放小块黄油，放入肉末炒熟备用，炒香洋葱碎和蒜末，放入番茄丁炒至出沙；倒入肉末，加入4~5勺番茄酱一起炒匀；将意面放进锅里和酱料拌匀，撒一点点胡椒粉出锅装盘；

03 烧开水，洗净芦笋，白灼后切开，放在番茄肉酱意面上；

04 做煎蛋：取一个鸡蛋，煎成荷包蛋，放在番茄肉酱意面上。

三只小猫咪冲我笑

饭团便当＋腊肠

食材

三只小猫咪冲我笑
米饭／白吐司／奶酪片／生菜／紫甘蓝／迷迭香／寿司紫菜／黄瓜／胡萝卜

其他
黑松露腊肠

这天早晨，女儿早早地醒来了。她兴奋地告诉我："妈咪，外面出太阳啦！"这快乐的样子真像一只因为寒冷而在家中"冬眠"多日的小熊，终于等到暖融融的阳光，能外出透透气。她和我撒着娇说，想要去公园里散步。我怎么能拒绝这可爱的邀请呢？于是我决定将早餐做好放在便当盒中，和女儿一起到公园里，在冬日的暖阳中享受这份早餐。

我将风味独特的黑松露腊肠放入米饭中，一起蒸煮。蒸煮好的米饭因为染上了腊肠的油光，泛起了温柔细腻的光泽，还带着黑松露的浓郁香味，比普通米饭更加有滋味。用小猫咪模具盖出三只可爱的小猫咪。小猫咪乖巧地躺在饭盒里，和女儿一样，期待着今天的出行。

那就让冬天的阳光肆意洒在我们身上吧，让我们全身心地去感受这份暖意吧！走，到冬日的阳光里野餐去吧！

步　骤

01 取煮熟的米饭，用小猫咪模具盖出三只小猫咪的头部，用寿司紫菜剪出小猫咪的眼睛、鼻子、嘴巴和胡子；

02 取白吐司，剪出小兔子的形状，用寿司紫菜剪出兔子的眼睛；

03 取出奶酪片，剪出小鱼的形状，装饰摆盘；

04 洗净生菜、黄瓜、紫甘蓝、迷迭香、胡萝卜，按照成品图片做好放入盘中；

05 取出黑松露腊肠，煮熟后装盘。

害羞的小刺猬

铜锣烧摆盘 + 蛋炒饭

食材

害羞的小刺猬
铜锣烧 / 煎蛋 / 石榴 / 水金钱

其他
蛋炒饭 / 黑李子

寒风肆虐的冬天，只有呼啸的北风才愿意在萧瑟的街道上行走。南方虽然很少下雪，但每当降温的时候，冷冷的冰雨被凛冽的风夹带着，吹在脸上如同被细密的绣花针刺到一般疼痛。每天早晨醒来的时候，眨眨眼睛就能感觉到又湿又冷的空气围绕在四周。在这样湿冷的天气里，女儿窝在被窝里，脸蛋被暖和的被窝捂得红彤彤的，像一个可爱的雪娃娃，她探出

Tips 制作

可以将少许番茄酱淋在炒饭表面，为孩子补充维生素。

小脑袋问我：“妈咪，今天我可以学小刺猬一样蜷在被子里不出来吗？”

刺猬的性格十分羞怯，一点小小的动静，便能让它蜷起身体。每到秋末，小刺猬便进入冬眠状态，发出“呼噜呼噜”的声音，睡得沉沉的。待到春天来临，气温重新回升，冬眠的小刺猬才愿意醒来。赖床的女儿还真像可爱、怕冷又害羞的小刺猬呢！

那么，今天我就给女儿做一顿以小刺猬为主角的早餐吧。

取来一块香甜可口的豆沙夹心铜锣烧，用剪刀剪出刺猬背上的刺，再加上一片线条圆滑、近三角形的小脸蛋，就是一只怕羞的小刺猬了。小刺猬从冬眠中醒来，小心翼翼地伸着鼻子，用敏锐的嗅觉闻一闻即将到来的春天的气息。

我轻轻推开女儿的房门：“小刺猬，起床啦。”

步　骤

01 取一块豆沙夹心铜锣烧，用剪刀剪出刺猬背上的刺，在浅颜色的地方剪出小脸蛋；
02 取两个鸡蛋，一个煎成荷包蛋，一个打成蛋液，备用；
03 取煎蛋摆盘，用石榴籽成圈围住煎蛋；放两根水金钱装饰；
04 做蛋炒饭：取蛋液，放入烧热的锅内炒熟，放入米饭拌炒，装盘；
05 洗净黑李子，切开两半，装盘；
06 取出橙汁，装杯。

梅花迎寒开

草莓摆盘 + 蛋炒饭

食材

梅花迎寒开
草莓 / 寿司紫菜

其他
蛋炒饭 / 水煮蛋 / 牛奶 / 虾

冰雪封城的冬日里，雪地里深深浅浅的脚印诉说着昨夜降雪的盛况，万物似乎都进入了沉沉的睡眠，以躲避刺骨的寒冷。唯有那娇俏的梅花迎风盛开，你怀疑地嗅着这缥缈的香味，终于在枝头找寻到这动人香气的源头。她那么明艳，那么美丽，像所有的花儿一样有着娇嫩的花瓣，却在寒风中显得格外坚韧……每一次听到梅花的故事，女儿都要心心念念地想上好一会儿，她说，以后一定要去看看白雪皑皑中傲岸的梅花。

女儿这么喜欢梅花，不如就用冬末春初成熟、酸甜娇嫩的草莓为她制作一道“梅花迎寒开”吧。

Tips 制作

梅花的枝干是用寿司紫菜剪出来的，也可以用黑芝麻酱画出枝干。

草莓的外表红润得如同少女含羞的脸颊，中间反而是清新、粉嫩的白。红，向来是温暖、热烈的暖色代表。当红白这两种色彩交融，似乎驱散了冬天的寒气，让身体不自觉地温热起来。将草莓横切成片，再小心地将草莓片裁出几片花瓣。这般可爱柔软的草莓，需要细心细致的对待，整理形状的过程中要格外注意。将草莓花铺在盘子上，一朵朵小巧玲珑的草莓花带着袅袅香气，恰似不与百花争艳的寒梅。

冬天的早晨，我总是在能温暖身心的食物上变换花样。再煮一碗热腾腾的蛋炒饭，能让女儿吃得格外香。

步　骤

01 取出寿司紫菜，剪出梅花花枝；

02 洗净草莓，切片，剪出梅花形状；

03 做蛋炒饭：鸡蛋打成蛋液，放入烧热的锅内炒熟，放入米饭拌炒，做成蛋炒饭；

04 洗净虾，香煎熟后，装盘；搭配半个水煮蛋，装盘；

05 取出牛奶，装杯。

小熊在泡咖喱浴

咖喱饭摆盘 + 萝卜汤

食材

小熊在泡咖喱浴
米饭 / 土豆 / 胡萝卜 / 鸡蛋 / 玉米 / 肉末 / 奶酪 / 寿司紫菜 / 咖喱酱料

萝卜汤
白萝卜 / 老姜 / 葱白 / 白糖 / 盐 / 鸡精 / 香葱花

咖喱是一种奇妙而丰富的酱料。温和的白萝卜、清甜的胡萝卜、软糯的土豆、香嫩的鸡肉……看似普通的食材与咖喱同煮后，都会迸发出完全不一样的口感与味道。辛香的咖喱就像热情似火的朋友，邀请你品尝属于它的独特味道。吃咖喱也是一种奇妙的体验，在这一盘香浓的酱汁中，可以品尝出不同的地域风味：日本的咖喱是温柔而平和的，细腻的口感带有明显的甜味；印度咖喱的用料较重，带出强烈而浓郁的滋味；泰国咖喱带有香甜的椰香味……

这一天的早餐，我准备了一碗浓郁、富有东南亚风情的咖喱饭。

咖喱是以姜黄为主料，与桂皮、辣椒、白胡椒、八角等调配而成的酱料，辛辣的味道中带有特别的香气。我用土豆、胡萝卜加上猪肉，熬煮成咖喱酱汁。白米饭捏出小熊的外形，支在碗边，成了一只舒服地躺在碗里的小熊。咖喱味道细腻温和，加上果泥的甜味，女儿每一次品尝，都会胃口大开，忍不住扒上两三碗米饭。

当我还在熬煮咖喱时，女儿已经被浓郁的咖喱香味叫醒，她正满脸期待地坐在餐桌旁，盼着这天的早餐。

“哇！小熊在泡咖喱浴！”女儿开心地说道。

步　骤

01 洗净胡萝卜、玉米、土豆，胡萝卜和土豆削皮后切成丁，玉米剥成粒备用；

02 取出咖喱酱料，放入烧热的锅中，煮开后加入肉末、胡萝卜丁、土豆丁和玉米粒，煮熟后备用；

03 取煮熟的白米饭，捏出小熊的头部和手脚，摆盘备用；用奶酪和寿司紫菜做出小熊的脸部；

04 取一个鸡蛋，白水煮开，剥壳，做小熊的肚子，淋上咖喱酱汁；

05 洗净白萝卜，去皮切片，汤锅内放入适量的水，凉水下入萝卜，加入小块老姜，小段葱白，烧开后调入一勺白糖，熬至萝卜变软，放入适量盐和鸡精，撒入香葱花，装盘。

踏雪寻梅

樱桃摆盘＋鲜虾面

食材

踏雪寻梅
寿司紫菜／樱桃／石榴

鲜虾面
面条／虾

女儿一直想看雪中寒梅的景色，无奈位于亚热带地区的广东被雪线"隔绝"在外。梅花种植在不同的地区，会绽放出不同的美丽。在南方，梅花的种植已有3000多年的历史。大约在汉初，人们开始有了赏梅的活动。在飘扬着清新梅花香气的树下，欣赏着傲然挺立在枝丫顶端、含苞欲放的花朵，无论何时，都能让人心神平静下来。属于南方的梅花在四季温润的滋养下，开得格外娇嫩。

这日清晨，我为女儿准备了一株特别的梅花。

将深红色的樱桃切开，把五瓣樱桃拼作一朵小巧的梅花，在枝丫绽放。剥开新买的石榴，果肉的颜色是柔软的嫩粉色，掰下几粒，点缀在枝丫上。淡粉色与深红色的梅花互相映衬，零零星星有如漫天的梅花雨，浪漫又温柔。

用灼熟的新鲜基围虾搭配热腾腾的面条，基围虾煮得刚刚好，肉质弹软而又不失鲜甜，融入还有淡淡麦香的面条中，非常美味。橙红色的虾与盘中深深浅浅的红梅花，映衬得整个画面相当温暖。

女儿醒来，看见这一枝樱桃梅花很是惊喜。而正在学画画的她又一本正经，作一副小老师的模样指导我道：“妈咪，整个画面都是红色，这样多单调呀！”说着，她“咚咚咚”地跑去阳台，摘了一片小巧的薄荷叶，放在面条上。多了这一小片清凉的绿色，这顿早餐确实有了不少活力，这是女儿富有独特童真的“生活美学”。

步　骤

01 洗净樱桃和石榴籽，樱桃切开两半，摆出梅花形状，用寿司紫菜剪出梅花枝干的形状；

02 烧开水后加入面条，煮熟捞起，装盘；

03 洗净虾，煮熟后放在面条上。

摘星星的女孩

小球藻面摆盘 + 樱桃汁

食材

摘星星的女孩
小球藻面 / 红心番石榴 / 玉米粒 / 草莓 / 鸡肉 / 寿司紫菜

其他
樱桃汁

宁静的夜晚，我有时会和女儿在阳台上，于深邃的夜幕之下，享受月光与星光的沐浴。每一次与女儿一同仰望星空，她都会伸出柔嫩的小手，像是想要摘取一闪一闪的星辰。摘星，是多么单纯而可爱的幻想，我们儿时不也做过这样的梦吗？随着岁月的流逝，才慢慢发现，摘星和追求梦想是那么相似，摘星之旅，犹如无尽的征途，是星辰大海，也是广阔天空。

我想将女儿这样童真的动作记录下来，于是，我做了一个像她一样可爱的小女孩：胖乎乎的双手欢快地张开，像在迎接无垠的星河。将番石榴切成片，粉红色的果肉伴着酸甜的香气，裁出一个三角形，稍稍修整其中一边，做出波浪状的纹路，便是女孩粉嫩的连衣裙了。取来寿司紫菜，“咔嚓咔嚓”几声，一把乌黑亮丽的长发出现了。

小球藻面的绿色明亮而有活力，比寻常的菠菜面颜色更加漂亮，总能让早餐画面变得明媚可爱。清水煮熟后，用筷子夹到盘子上，仔细整理成女孩站的小草地。

小女孩站在小球藻面铺成的草地上，张着双手，清风徐徐吹来，小女孩乌黑的长发飘舞着，自然又美丽。不知道小女孩会对着繁星许下怎样的愿望呢?

女儿想了想，说道：“她应该在许愿，希望明天会是一个阳光明媚的晴天。”

步　骤

01 洗净红心番石榴，切片，取一片剪出女孩的身体和手脚。用寿司紫菜剪出女孩的头发，剩下的番石榴片装盘；

02 烧开水后放入小球藻面，煮熟后捞起，装盘；

03 取一块鸡肉，煮熟后放在小球藻面上。煮熟玉米粒，装饰点缀；

04 洗净草莓，切开后装盘；

05 取出樱桃汁，装杯。

红梅长成树

紫葡萄摆盘 + 比萨

食材

红梅长成树
紫葡萄 / 寿司紫菜 / 白吐司 / 黄瓜

其他
橙汁 / 比萨 / 鸡蛋

平凡的食材，因为烹制方式的不同能变换出各式各样的口感和味道。简单的食物，被赋予用心的想象，能变换出孩子们喜爱的图画。在制作宝贝的早餐时，我喜欢用常见的食材做出各种变化，用不同的方式表现食材的个性。寿司紫菜的色泽与质感恰好和树木的枝干相似，于是，经常被我剪作各类枝干。

前天晚上，女儿在睡前给我布置了“作业”：她想要一棵黄瓜做的小树。

用黄瓜做成小树？这倒是一个很好玩的想法。

嫩黄瓜太过光滑，反而没有树皮的粗糙感，看来还是有突起小刺、呈深绿色的黄瓜表皮才适合这样的画面呢。

我削出黄瓜的表皮，取了其中一条贴在盘子上，作为树木的主干。主干的顶端割出些许弧度——太笔直便不像自然生长的树木了。再将剩下的黄瓜皮修饰了形状，随意贴着主干生长，成为坚韧、茂盛的枝干。

冬天，树木的叶子早就深埋土地，化作来年的春泥，但盘子上这棵光秃秃的“黄瓜树”看着甚是孤单。我找了几颗晶莹的紫葡萄，点缀在枝丫上，画面顿时丰富、充盈了起来。

再用白吐司剪出两只小兔子。小兔子聚在树下，高兴地聊着天，绕着黄瓜树玩耍。冬天的冷风丝毫没有影响他们的兴致。烤两片厚厚的、热腾腾的比萨，用饱腹感满满的早餐让女儿在冬天的早晨也能充满活力。

这一天的早餐，会给女儿带来多少惊喜呢？

步　骤

01 洗净紫葡萄，做红梅花的摆拼，用黄瓜皮削出红梅树树干的形状；

02 取白吐司，剪出小兔子形状，用寿司紫菜剪出小兔子的眼睛和嘴巴；

03 自制比萨：取出比萨皮解冻，刷比萨酱，200℃烤 15 分钟，烤好后切开，装盘；煮鸡蛋去壳，装盘；

04 取出橙汁，装杯。

梅林漫步的腊肠狗

寿司紫菜摆盘 + 腊味饭

食材

梅林漫步的腊肠狗
紫葡萄 / 寿司紫菜

腊味饭
大米 / 腊肠 / 鸡蛋 / 迷迭香

其他
牛奶

冬日，从西伯利亚远道而来的寒冷北风席卷着向来温暖的广东。在广东人的记忆里，一碗热腾简单、滋味丰富的腊味饭，就是冬天里又暖心又暖胃的美味，让人百吃不腻。

这天早晨，气温又比平日低了，深吸一口气，仿佛来到了湿冷的冰窟里。

于是，我为女儿准备了热乎乎的腊味饭，让女儿从舌尖开始，享受美味的同时暖和身子。

煮饭时，在米粒下锅的同时放入几根腊肠。米饭煮好之后，米香伴着咸香的腊肠香味飘散，丰富而诱人。再掀开锅盖，端放在米饭之上的腊肠已经蒸煮得圆滚，外表渗出的油光闪亮，底下的米饭也因染上了腊肠的油花而变得润滑。一口咬开腊肠，粒粒分明的肉粒带来的嚼劲，在嘴里迸发的鲜甜与咸香滋味，让女儿百吃不腻。

盛一碗米饭，铺上几块腊肠，淋上少许酱油，便是女儿钟爱的腊味饭了。

盘子上横生一段枝丫，上面盛开着几朵晶莹剔透的紫葡萄梅花。将紫葡萄从中间切开，果肉呈半透明，连着5片贴在寿司紫菜剪成的枝丫上，团作一朵可爱的小梅花。

半透明的梅花似乎有些清冷，但在这个冬日的早晨，配合一碗温暖的腊味饭，反而十分清新。

梅花下，有一只可爱、个头较小的小短腿腊肠狗。腊肠狗在梅林中轻快地奔跑着，小巧、粉嫩的鼻子一嗅一嗅地，似乎在寻找缠绕在鼻尖的美味到底在哪里。

女儿醒来，看见这只可爱的腊肠狗，惊喜得不行，还抱起我们家的小猫点点，让她和盘子上的腊肠狗来场对话。

步　骤

01 洗净紫葡萄，切片后摆拼成梅花形状，用寿司紫菜剪出梅花枝干和小短腿腊肠狗；

02 洗净大米、腊肠，腊肠切成片，一起放入电饭锅，蒸熟后装盘；

03 取两个鸡蛋，白水煮熟后，剥壳放在腊味饭上；

04 取出牛奶，装杯。

梅花鹿低头闻香

蛋炒饭摆盘 + 小球藻面

食材

梅花鹿低头闻香
石榴 / 橘子 / 桑葚 / 西蓝花

其他
马卡龙 / 小球藻面 / 鸡蛋 / 胡萝卜

晚上，女儿像馋嘴的小猫咪，又想吃可口的蛋炒饭。早晨醒来，我便做了蛋炒饭，然后将蛋炒饭铺到盘子上，调整边缘，堆出一只小梅花鹿。再用清水灼熟几瓣西蓝花，撒上些许盐粒，铺在盘子的下缘。梅花鹿低头嗅着西蓝花，那小心翼翼的神情真像春天里徜徉花海的女儿。

摄影师阿部了在他的随笔物语《便当时间》里，通过“便当”这一日常的餐点，记录了不同人对生活、对食物的看法。便当本来是非常简单而普通的食物，但是在妈妈的巧思下，即使是平凡的便当也能充满爱的味道，让享受便当的孩子感受到被美味关怀的感觉。

为女儿所做的这一顿又一顿早餐，似乎也带了这样的一层意味——在寻常不过的早晨，丢开工作、烦心事，用心为女儿准备一顿别致的早餐。即使是一碗普通的蛋炒饭，也能让我和女儿吃得又香又甜。在这样的陪伴中，重要的已经不是吃什么样的珍馐美味，而是与女儿共度的美好时光。

步　骤

01 取一个鸡蛋，打成蛋液备用；
02 取蛋液，倒入烧热的油锅中翻炒，炒熟后加入米饭拌炒，撒上盐花，堆成一只梅花鹿形状；
03 洗净西蓝花，白水煮熟后切开，装盘；洗净桑葚，装盘；
04 取石榴籽，装饰备用；
05 取橘子，剥皮后掰开，拼出太阳形状；
06 3 个马卡龙放入小碗中；煮好的小球藻面放上水煮蛋、胡萝卜片。

后记

《宝贝的早餐》创作灵感源自对女儿的爱与鼓励。女儿比较小就入读小学一年级，刚开始的一两年，无论是体力方面还是学习方面都很吃力，有相当长一段时间，女儿都不太自信。

后来，女儿喜欢上画画，但仍对自已信心不足，为了鼓励女儿学画，我对女儿说："你用画笔画画，妈妈用食物画画，我们都没有画画的基础，但不要紧，只要有爱，就可以在坚持中做好。

于是，这个约定一开始就是三年。在这三年当中，"宝贝的早餐"以童趣可爱的构图，营养的食物搭配，每天一份永不重复的美好，温暖了许许多多人的清晨。